通识简说·科学系列

简说动物学

动物明星的生存奥秘

顾 问／温儒敏 主 编／赵 榕 赵 妍／著

SPM 南方出版传媒
全国优秀出版社 全国百佳图书出版单位 广东教育出版社
·广 州·

图书在版编目(CIP)数据

简说动物学：动物明星的生存奥秘 / 赵榕主编；赵妍著. —广州：广东教育出版社，2019.6
（通识简说. 科学系列）
ISBN 978-7-5548-1712-4

Ⅰ. ①简… Ⅱ. ①赵…②赵… Ⅲ. ①动物—青少年读物 Ⅳ. ①Q95-49

中国版本图书馆CIP数据核字（2017）第088941号

策　　划：温沁园
责任编辑：王　亮　唐俊杰
责任技编：涂晓东
版式设计：陈宇丹
封面设计：陈宇丹　关淑斌
插　　图：陈露茜

简说动物学　动物明星的生存奥秘
JIANSHUO DONGWUXUE
DONGWU MINGXING DE SHENGCUN AOMI

广东教育出版社出版发行
（广州市环市东路472号12-15楼）
邮政编码：510075
网址：http://www.gjs.cn
佛山市浩文彩色印刷有限公司印刷
（广东省佛山市南海区狮山科技工业园A区）
890毫米×1240毫米　32开本　6.75印张　135 000字
2019年6月第1版　2019年6月第1次印刷
ISBN 978-7-5548-1712-4
定价：39.00元
部分图片来源于@视觉中国
质量监督电话：020-87613102　邮箱：gjs-quality@nfcb.com.cn
购书咨询电话：020-87615809

总 序

互联网的出现，尤其是智能手机的使用，让现代人获取知识的方式有了翻天覆地的改变。在我当学生的时候，是真的每天在“读”书，通过大量的阅读，获取第一手的资料，不断思考探究，构建自己的知识体系。而今天呢？一个孩子获取知识，首先想到的是动动手指，问问网络。

学习的方式便捷了，确有好处，但削弱了探寻、发现和积累的过程，学得快，忘得也快。有研究表明，过于依赖互联网会造成人的思维碎片化，大脑结构也会发生微妙的变化，表现为注意力不集中、记忆力减退等。看来我们除了通过网络来学习知识，还得适当阅读纸质书，用最传统的、最“笨”的方法来学习。这也是我一直主张多读书，特别是纸质书的缘故。我们读书必然伴随思考，进而获取知识，这个过程就是在“养性和练脑”，这种经过耕耘收获成果的享受，不是立竿见影的网上获取所能取代的。另外，我也主张别那么功利地读书，而是要读一些自己真正喜欢的书，也就是闲书、杂书，让我们的视野开阔，思维活跃。读书多了，脑子活了，眼界开了，更有助于考试取得好成绩。

有的小读者可能会说，我喜欢读书，但是学校作业很多啊，爸爸妈妈还给我报了很多课外班，我没有那么多时间读“闲书”呀！这个时候，找个“向导”，帮你对阅读书目做一些精选就非常必要了。比如你喜欢天文学，又不知道如何入门，应当先找些什么书来看？又比如你头脑中产生了一个问题——为什么唐代的诗人比别的朝代要多很多呢？这时候你需要先了解唐诗的概况，才能进一步探究下去。在日常的生活和学习过程中，诸如此类的小课题很多，如果有一种书，简单一点、好懂一点，能作为我们在知识海洋里遨游的向导，那就太好了。广东教育出版社出版的“通识简说”，就是一位好“向导”。

这套“通识简说”，特点就是简明扼要、生动有趣，一本薄薄的书就能打开一个学科殿堂的大门。这是一套介绍“通识”的书，也是可以顺藤摸瓜、引发不同领域探究兴趣的书。这套丛书覆盖文学、历史、社会和自然科学的方方面面，第一期先出十种，分为国学和科学两个系列。《回到远古和神仙们聊天——简说中国神话传说》《古人的作文有多精彩——简说古文名篇》《简说动物学——动物明星的生存奥秘》《简说天文学——“外星人”为何保持沉默？》……看到这些书名你就想读了吧？选择其中一本书，说不定就能引起你对这门学科的兴趣，起码也会帮你多接触某一领域的知识，很值得尝试哟。每本书有十多万字，读得快的话，几天就能读完，读起来一点都不累。图书配的漫画插图风趣幽默，又贴合主题，也很有味道。

希望“通识简说”接下来能再出10本、20本、50本，让更多的孩子都来读这套简明、新颖又有趣的书。

温儒敏

（北京大学中文系教授，统编语文教材总主编）

开篇的话

动物学家养成记

小时候，去动物园玩耍是特别让人期待和开心的一件事。大熊猫懒懒地趴着，狮子威风凛凛地行走，猴子们三个一群、两个一伙地梳理毛发，这些场景都久久地烙印在我们的脑海里。而我们有没有思考过，它们为什么有这样的行为？在野外的它们又是怎样觅食、生活的？

这就是动物学，它并不枯燥、刻板，反倒是非常的生动、有趣。与那些需要死记硬背的知识不同，它建立在你的兴趣、观察、探索与解读之上。当你在观察一种动物时，发现特点、提出疑问、进行思考、寻找答案，这就是科学研究的过程。你会依据相关的书籍，把你熟识的动物分门别类，把它们可爱的容貌用绘图或语言的方式记录下来，形成一本承载着你记忆的观察手册。

随着你对动物的了解不断深入，你会比别人更容易发现它们、理解它们。林间响起一声鸟鸣，你便能知道是哪一种小鸟光顾了森林；路边窜过一个身影，你便能判断是哪种小动物在采食、活动。在林间行走，你就好像在拜访它们，看到它们留下的痕迹便感到温暖。你会更关注、更热爱大自然，更愿意走进自然之中，与动物朋友为伴，共赏春夏秋冬的季节变换和自然界的美好风光。

对动物的熟悉也会让你更加关注动物朋友的生存状况。当你发现坠巢的小鸟，你希望能够把它放回巢中；当你看到受伤的小动物，你希望能够将它治愈；当你看到一些环境污染或是破坏，给动物的生活带来了影响，你希望尽己所能为它们恢复原有的美好环境，渴望那些动物朋友能够回归无忧无虑的日子……就这样，你开始了动物保护事业。

还记得小时候与父母吵嚷着要去动物园的岁月吗？你对动物的喜爱就这样无声无息地开始，从此钟爱，或许半生，或许一世。而恰恰是你当初对它们的那番好奇之心，唤起了你心底的热爱，开启了你人生中研究动物、保护自然的大门，也给那些仍然在危难之中的动物带来无限的光明与希望。

有多少科学家就是这样将他们的热爱一点点地积累下来，成为我们今天所研习的宝典，而他们的名字也永久地烙印在了历史的丰碑上，让人敬仰、崇拜。其实，对动物的认识就是对人类、对生命、对地球数十亿年历史的认识；对动物的爱护更是对生态系统、对我们共同生活的地球家园的守护。伟大的生命逐步演化到今天，呈现出缤纷繁盛的景象，这样宏伟而悠远的自然诗篇值得每一个成员用最诚挚的心去崇敬，去爱护。

在这里，也为喜爱动物的你介绍一位志同道合的科学家朋友，她就是英国生物学家珍·古道尔。同你一样，她也自幼喜爱动物，并凭着这份对动物的热情长年驻扎野外，与动物一同生活，研究它们的行为，奔波在动物保护的前线，获得了多项国际荣誉。这位科学家曾这样说过：“唯有了解，我们才关心；唯有关心，我们才会采取行动；唯有行动，生命才会有希望。”

那么，就让我们从本书开始，了解我们身边的动物朋友吧。

目录

第一章

喂！海绵宝宝
——多孔动物与棘皮动物

如果你很喜欢看动画片，你会知道一个黄颜色、大眼睛的方块形象，它就是萌萌的海绵宝宝。它生活在太平洋海底一座叫作“比奇堡”的城市，总是打着领带，穿着衬衫和方形裤子，住在一个菠萝形状的房子里，它喜欢和它的好朋友派大星一起抓水母，它们在海底的生活发生了很多趣事。接下来，我们就来到海洋中，认识一下这对好朋友的真实身份吧！

海绵宝宝

在海洋里，的确生活着一类叫作海绵的动物，不过它既没有大眼睛，也不会动，更别提抓水母了，和海绵宝宝的相似之处就是它的身上也有很多窟窿。因此，在动物学分类中，这类动物被命名为多孔动物门，也叫海绵动物门。

海绵

1. 宝宝是动物，但是宝宝不动

真正的海绵并不像动画片里的海绵宝宝那样活泼可爱，你会发现它们长得像聚集在一起的小烟囱。即使你仔细观察，也看不到它们在移动，又因为它们通常固定生活在海底，所以常被人们当作植物。

那么，如何证明它们是动物呢？其实，动物和植物的区别并不只有动和不动这一项标准，组成它们的最基本的单位——细胞，就有很大区别。在显微镜下看植物的细胞，你能够看到外围的细胞壁，有些还有大大的液泡和负责光合作用的叶绿体，这些结构是动物细胞不具有的。科学家用显微镜观察海绵的细胞，发现它没有细胞壁，所以，海绵并不是植物，它的细胞有动物细胞的特征，只不过它是非常原始和低等的动物。

低等到什么程度呢？我们人类的细胞可以形成组织，组织形成器官，器官又形成系统，来实现我们日常的呼吸、消化、运动等功能，而海绵的细胞没能形成健全的组织、器官，更没有神经、消化、循环等系统，但是它们仍然能完成日常的生理活动。海绵有一种特殊的细胞，叫作领细胞，上面有像鞭子的鞭毛，可以帮助海绵吸入食物。同时，它们有独特的身体特征——满身的孔洞，不要小看这些孔洞，这是海绵的“嘴巴”。水流过身上的孔洞，其中的营养物质和氧气被领细胞获取，同时水流也会带走身体中的废物。

它们主要吃海洋中的一些细菌和细小的食物颗粒，属于滤食动物。这种不能直接把无机物合成有机物，必须获取现成的有机物并消耗氧气来维持生活的营养方式称为异养。有些海绵的体内居住了很多能够进行光合作用的微生物，这些微生物可以利用简单的无机物合成有机物并释放氧气，被称为自养生物，这些微生物让一些海绵“释放”的氧气要比海绵消耗的还多。还有些海绵由于环境中的食物匮乏，演化成了食肉海绵，会滤食海洋中的小型甲壳动物。

这样一动不动的海绵是怎样繁殖后代的呢？海绵有两种生殖方式，分别是有性生殖和无性生殖。繁殖期，海绵所产生的精子会被领细胞当作食物吞掉，但这时领细胞会将精子带入卵子，形成受精卵。受精卵继续发育，幼年期的海绵会四处游动，随后固定在海底的岩石上，慢慢长成成熟的海绵，这是海绵的有性生殖方式。同时，海绵能够进行出芽生殖，就像植物的侧枝抽出新芽一样，海绵向外长出芽体，这是海绵的无性生殖方式。有趣的是，海绵的再生能力很强，破碎掉的海绵进入适宜的环境可以继续生长。

2. 海绵宝宝知多少

目前已知的海绵有1万种以上，不论是在淡水中还是深海中，都有它们美丽的身影。因为海绵需要靠水的帮助完成生理活动，要保证自己身体孔洞的畅通，所以海绵生活在平静、清澈的水中。它们形态各异，有的像瓶子，有的像杯子，有的像伞。海绵颜色也各有不同，大多数是艳丽的黄色或红色。研究发现，这是由于它们体内含有胡萝卜素而呈现出来的颜色。

有一类海绵的名字很有趣，叫作偕老同穴，这个名字是有来由的。海洋中的一种小虾，叫作俪虾，在它们幼年期，一雌、一雄两个小虾常成对地钻进海绵体内玩耍嬉戏，然后定居下来。海绵能够为小虾提供食物，而小虾在进食的同时，也帮助海绵清洁了身体，保持海绵孔洞的畅通。小虾们就在海绵体内慢慢长大，然后繁殖后代。刚出生的小虾凭借小小的身体离开海绵，并成对地寻找新的海绵居住，直到在海绵体内慢慢老去。因为人们看到小虾成双成对地在同一个“洞穴”中慢慢长大、老去，所以为这种海绵起名为“偕老同穴”，小虾被命名为“俪虾”，“俪”有夫妻的意思。在日本，人们常将“偕老同穴”海绵作为礼物送给新婚夫妇，祝福他们白头偕老，永不分离。

海绵大小不一，小的可以被我们拿在手里，大的要比我们整个人都大。在夏威夷海岸，研究人员发现了迄今为止最大的海绵，它的体积接近一辆小货车。

一些海绵体内是软化的纤维结构，比较柔软，容易吸收液体，在沐浴或者清洁中使用非常方便。但是这种可供使用的天然海绵只占极少数，例如丝海绵和蜂窝海绵。人们把海绵作为清洁用具已有上千年的历史了，虽然现在使用人造海绵很普遍，但是仍然有人会使用天然海绵，因此，海绵动物也一度被人类过度捕捞。

与人类利用海绵吸水清洁的方式不同，生活在澳大利亚西部海湾的宽吻海豚会在觅食时用海绵保护自己的吻部。当它们在海底的沙中觅食时，会先将海绵固定在吻部，以保护吻部免于冲撞珊瑚礁和沙石所带来的伤害。研究发现这种习性只存在于当地的雌性海豚中，并且雌海豚会将这种行为教给下一代雌海豚。

派 大 星

在动画片《海绵宝宝》里，派大星是一个穿着沙滩裤的粉红色海星，是海绵宝宝的好朋友。不过和海绵宝宝相比，海星较为高等，它在动物分类中属于棘皮动物。

1. 好看但是身披棘刺

海星是一种棘皮动物，棘皮动物因为表皮长有棘刺而得名。棘皮动物家族不仅有好看的海星，还有我们熟悉的海参、海胆等，它们的身上都长有大小不一的棘刺呢。如果被海星身上的棘刺刺到，人们会出现皮肤痒痛、红斑等症状，在医学上这种症状被称为海星皮炎。

棘皮动物门的动物属于比较高等的无脊椎动物，因为它们是无脊椎动物中唯一的后口动物。这个后口是什么意思呢？原来，动物胚胎在发育的一个阶段，即原肠胚时期，会出现一个孔。如果随着动物慢慢长大，这个孔发育成口，我们将这种动物称为原口动物。而棘皮动物和脊椎动物一样，它们原始的孔发展成了肛门，而在后方又开了一个孔作为口，所以称为后口动物。

海星并不像派大星那样有忽闪忽闪的大眼睛，虽然它没有眼睛，但是它们的皮肤上长了很多微小的晶体，这些晶体可以感受四周环境的变化。

海星通常栖息在海底，它们的底面有口。如果你翻开它的底面来看，会看到每个“角”（实际是腕）中间都会有一条沟槽，一些低等的海星就靠纤毛将有机物送入沟槽，再送入口来进食，也有一些海星会捕食。不同的是，海星进食并不是把食物放进胃里，而是把胃翻出来吞掉食物，分泌消化液进行部分消化，然后再将食物与胃一起缩回去，用这样的方式来获取营养。

我们熟知的海星通常是五条腕，大多数海星的确如此，但也有海星有更多的腕，例如轮海星的腕有9~11个。通过腕，它们可以在海底活动，也可以捕食猎物。到了繁殖期，海星会将精子与卵细胞排出，两者在水中相遇形成受精卵。有些海星会将腕抬起来，把受精卵放在身体下面保护起来，还有一些海星会把受精卵放在自己的背上，同时长出长刺来保护这些卵。在呵护下，受精卵逐渐发育为海星宝宝。

有趣的是，海星有一个能力和海绵宝宝类似，就是能够再生，一块海星的腕就可以逐渐长成一只新的海星。再生能力在棘皮动物中比较常见，比如海参在遇到敌害的时候，有喷脏反应，就是把自己的内脏喷射出去混淆敌人，同时借反冲力逃跑，50天后海参就能长出一副新的内脏。

2. 漂亮的五角星

全世界的海洋中约有1600种的海星。我们在海滩上走，常会看到被海水冲到沙滩上的海星。刚刚被冲上岸的海星可能还有生命，但它们移动缓慢，很难再回到海水中。如果之后的几次潮水不能将它带回海里，它就会搁浅在沙滩上，变成干海星。

五角海星常被用作装饰品，五角星也出现在许多国家的国旗上，为什么五角星会给人美感，受到人们的欢迎呢？当我们绘制一个五角星，两条顶点连线的交点总位于线段的黄金分割点上。黄金分割就是一条线段上的分割点使得较长线段与总线段的长度比值等于较小部分与较大部分的比值，约为0.618，这个比例通常会给我们美感。一些建筑比如金字塔、巴黎圣母院和艺术作品比如达·芬奇的画作《蒙娜丽莎》都运用了黄金分割比例。

因为五角海星符合黄金分割的比例，所以它也受到人们的喜爱和追捧。人们制作了海星形状的项链、耳坠戴在身上，或是制作海星形状的装饰品摆放在家中。一些海星由于可爱的形状和漂亮的颜色被人们当作收藏品，或加工成艺术品，尤其是作为旅游纪念品卖给游客，而这导致对海星的过度捕捞，海星因此而濒危。

3. 冤家路窄

澳大利亚的大堡礁，是由成片的珊瑚组成的礁石群，是世界自然奇观，但是珊瑚是海星的食物，会遭到海星的破坏。有一种棘冠海星（它们表面的棘刺含有毒素）以珊瑚虫为食，甚至能吃掉成群的珊瑚，一只棘冠海星每年能吃掉一间卧室大小的珊瑚。由于环境的变化非常适宜棘冠海星的生存，庞大的棘冠海星群威胁了整个大堡礁的珊瑚，珊瑚的减少有近一半都是由于它们，如果继续放任下去，大堡礁的面积将越来越小。

澳大利亚想尽办法治理棘冠海星，但是它们的生存能力很强，即使是身体的一部分也能长成新的海星，这让管理人员头疼。面对这一情况，大法螺和炮弹鱼成了珊瑚的救星，也成了大堡礁的“保护神”。大法螺、炮弹鱼都是海星的天敌。法螺可以释放出液体让海星麻痹。为了保护大堡礁的景观，澳大利亚还请来炮弹鱼，它们的牙齿坚硬，可以咬开坚硬的海星、海胆，同时，为了避免被棘皮动物的棘刺伤到，它们的眼睛也离嘴巴越来越远。

我们知道了动画片《海绵宝宝》中的海绵属于多孔动物门，它的好朋友派大星属于棘皮动物门，它们或许并不像动画片中有很深的交情，但它们各自在海底的故事都同样精彩有趣。那么，《海绵宝宝》动画片中还有哪些海洋动物呢？水母和章鱼分别属于哪一门类的动物，你能在本书中找到答案吗？

第二章

小丑鱼和它的朋友
——刺胞动物和鱼

这一篇中我们谈到的小丑，可不是马戏团里面耍杂技的小丑，它是一种漂亮且可爱的小鱼，叫作小丑鱼。在迪士尼动画《海底总动员》中的主角尼莫，就是一只小丑鱼，电影讲述了它的父亲马林克服海洋中的一切危险去寻找它的故事。

而在真实的海底，小丑鱼是非常会保护自己的，它们总是挑选在海葵丛中居住。你总能看到小丑鱼从海葵舞动着的“花瓣”中探出头来，不一会儿又钻进去。小丑鱼和海葵是海洋中人们所熟知的好搭档，下面就让我们来认识一下这对互相依赖的好朋友吧。

小丑鱼和海葵

美丽的海葵花，危险的刺细胞

海葵并不是海洋中的葵花，虽然它听起来像是一类海生植物，但其实，海葵是一种动物，宛如一朵绽开的向日葵，它在海水中舞动的触手好像被风吹拂着的花瓣，格外漂亮。但是，这些花枝招展的触手可以释放毒素，并捕捉小鱼作为食物。

海葵居住在海底，通常固定在某个地方，有一些能够缓慢地移动。每一个海葵都是一个圆筒形，绽开的“花朵”中央就是它的口，在口的周围长有很多触手，触手上会有刺细胞。刺细胞是一种特化的细胞，因为细胞顶端有刺而得名，它能够分泌毒液，这让美丽的海葵变得格外凶险。海葵靠着触手的刺细胞进行捕食和防御。

海葵会捕食软体动物或者小鱼小虾，它先用触手的毒素将猎物麻痹，然后送入口中吃掉，它们体内的消化酶帮助消化食物中的养料，营养物质被体内的细胞吸收，不能吸收的依然会从它们的口中排出，因为它们是没有肛门的，只有这一个口，既进也出。

如果观察海葵进食，你会发现，首先是海葵接触到食物的触手卷曲，抓取食物送到它的口中，接着，待到食物接触到口时，其他的触手也会纷纷弯曲，帮助包围住食物。有趣的是，海葵的触手可以通过感觉辨别抓住的东西是否能吃，不能吃的东西它们是不会消耗多余的体力送到口中的。但是，这个已经知道并非食物的触手不会告诉其他触手，所以另外的触手可能还会去抓捕不能吃的物体，然后辨别，再释放。

遇到大型的敌人时，海葵会释放成百上千个刺细胞，射出毒液。很多鱼类感受过海葵的威力，通常会远远躲开，不去招惹它们，有些小鱼一不留神就成为它们的食物。有一些海葵会给人类带来不适，被红海葵蜇到的潜水员会出现皮肤红肿症状。人们也曾提取海葵的毒素涂抹在箭头上，作为攻击武器。

珊瑚、水母是同门兄弟

不只是海葵，我们熟知的水母、珊瑚都是靠触手来进食的，它们都属于刺胞动物门，而曾经的命名——腔肠动物门已经被取消。原腔肠动物门包括了刺胞动物和没有刺胞的栉水母，后来这两支分别独立出来，成为刺胞动物门和栉水母动物门。

按照分类系统，我们将生物划分为七个层次级别，分别是界、门、纲、目、科、属、种。例如玫瑰美丽海葵，这是一个种，按照分类级别由高到低，它属于动物界、刺胞动物门、珊瑚纲、海葵目、链索海葵科、美丽海葵属、玫瑰美丽海葵种，通过这个分类就能看出，海葵在动物学分类中隶属于珊瑚纲。每一种动物都能够根据自己的特征找到归属，同一属的动物通常会很相似，同一科、同一目、同一门的动物会具有共同的身体特征。

刺胞动物门是一个庞大的门类，包括珊瑚纲、水螅纲等各个纲，总共包含了成千上万个物种，比如海葵、水螅等等。而它们也有共同的家庭特征：比如它们的口同时也是肛门，食物从这里进入，经过消化吸收，形成废物，然后从同一个口排泄出去；比如它们都具有刺细胞，会用触手缠住猎物，释放毒液，致其麻痹而亡。

海葵的同门兄弟水母也是漂亮的杀手，它们通常长着透明的身体，像一把小伞，游动起来非常美观。它们是通过身体的收缩和扩张来运动，喷出体内的水可以产生推力，让自己向前移动，然后再将水吸入，准备下一次运动。它们长长的触手上也布满了刺细胞，能够释放毒素。

珊瑚其实是珊瑚虫分泌的碳酸钙外壳，形态和颜色都格外美丽。珊瑚虫就在已经形成的珊瑚上面生活，靠着触手吃一些浮游生物，同时珊瑚虫能吸收海水中的钙和二氧化碳形成自己的骨骼，这样的骨骼成片地聚集在一起就可以形成壮丽的珊瑚礁景观。

澳大利亚著名的大堡礁就是巨大的珊瑚礁群，也是美丽的海底奇观。

一物降一物

别看海葵满身的刺细胞，它们同样有天敌，海洋中的蝶鱼就是它们的天敌。蝶鱼不怕它们的触手，专门以海葵、珊瑚为食。

蝶鱼有很多种颜色，色彩艳丽醒目，非常好看。它们有着扁平的身体，在侧后部有像眼睛一样的斑点，而眼睛处通常有深色的条带覆盖。这是它们为了保护自己，在身体的后方长出了伪装的眼睛，让敌人认为尾部是头部，给自己争取逃跑的时间和机会。一些幼年蝶鱼的伪眼会随着逐渐成熟而消失。蝶鱼一生都只有一个伴侣，它们会成对地畅游在海洋中，宛若飞舞翩跹的蝴蝶，因此而得名。

蝶鱼生活在珊瑚礁海域，专门以海葵、珊瑚为食。它们的嘴巴很小，向外凸起来，像吹口哨的样子，里面长着像牙刷毛一样的牙齿，适合啄食海葵。而海葵也为自己搬来了救兵，就是小丑鱼，它们可是对海葵不离不弃的好朋友。在蝶鱼侵犯的紧要关头，小丑鱼总是挺身而出，帮助海葵赶走天敌，虽然蝶鱼的个头要比小丑鱼大很多，但小丑鱼通常会拼命保卫自己的海葵“住宅”，奋力攻击，赶走蝶鱼，保护它的海葵朋友。救命之恩，无以为报，难怪海葵对其他鱼类都很凶，只允许小丑鱼在自己的触手间穿梭来去，原来，它们是海葵保护自己的秘密武器。

“小丑”不丑

小丑鱼不仅不丑，反而因其乖巧的形象讨得人们的喜欢。因为它身上的颜色分布很像小丑的样子，所以被亲切地叫作小丑鱼。小丑鱼共有28种，其中大部分属于双锯鱼，它们的颜色、图案都不相同，通过这些可以区分它们。在动画片《海底总动员》中，主角小丑鱼尼莫是一条公子小丑鱼，学名叫作眼斑双锯鱼。橘红色、白色相间的公子小丑鱼一点也不丑，还非常引人注意，它的身上有三个白色斑块，头部、身体中部和尾巴上各有一块，再加上它的鳍的末端呈现黑色，让这个在海葵中穿梭的精灵更加可爱了。

鱼类的鳍根据所在部位的不同，有不同的名字和功能，长在胸部两侧的是胸鳍，向后在腹部的是腹鳍，再向后依次是臀鳍和尾鳍，背部的称为背鳍。不要小看这些鱼鳍，对于鱼儿来说，它们可以用来保持平衡、感知水流、控制方向。我们可以通过鱼鳍和鱼鳍里面鳍刺的数量给鱼儿分类。例如，公子小丑鱼的鳍刺数量就是11个，有一种黑边公子小丑鱼和公子小丑鱼长得很像，同样有橙色的身体和白色斑块，但它的鳍刺是10个，它的学名叫作三带双锯鱼。

小丑鱼通常栖息在热带海洋中，以一些海藻和浮游生物为食。它们会聚集成小群或者大群生活，而聚集地往往是海葵。人们常在海葵周围看到小丑鱼探头探脑地钻出来，没游多远，又害羞似的藏回去，非常有趣。由于它们长期和海葵生活在一起，所以小丑鱼也被叫作海葵鱼。但之前介绍过，海葵拥有危险的触手，还有有毒的刺细胞，经常会捕食过往的鱼类，难道它的触手不会对小丑鱼造成伤害吗？

找个海葵做朋友

小丑鱼个头很小，如果它们不躲起来，很容易成为其他鱼的食物，而海葵能够给小丑鱼提供住所，这个住所既隐蔽又安全。海葵的触手对其他的鱼类造成威胁，却给小丑鱼提供保护，这是怎么回事呢？

原来，小丑鱼的身上有一层黏液，这种黏液会保护它们不受到海葵的伤害。根据观察，小丑鱼在选择一个海葵作为居所时，它会将海葵身上分泌的黏液在自己的身上涂满，这种黏液是一种信号，就像告诉海葵“我是自己人”一样，海葵的触手之间也是通过这样的黏液来避免自相残杀的，如果把小丑鱼身上的黏液擦掉，海葵认不得它，同样会将小丑鱼吃掉。

对于小丑鱼来说，海葵是一个非常适合的居所。有毒的海葵不仅能保护小丑鱼不受大鱼的攻击，而且还为小丑鱼提供了食物和隐藏的地方。

而对于海葵来说，小丑鱼能够帮助海葵对付它们的天敌蝶鱼，同时会吃掉海葵吃剩的食物，帮海葵清理身体。据推测，小丑鱼的活动或许还能够帮助海葵去除寄生虫，所以有小丑鱼陪伴生活的海葵会更加健康。小丑鱼进出海葵，本身也是一种诱饵，吸引其他鱼类游到海葵的触手附近，而海葵发出攻击，获得它们的食物，就可以轻松地吃到更多的大餐了。

这对好朋友在一起，双方都能够得到更多的食物，也能为对方提供保护，这种相互都受益的关系我们叫作互利共生。小丑鱼和海葵在漫长的海洋生活中发展出了这种伙伴关系，成为海洋中一处和谐、有趣的风景，让人艳羡，它们也成为人们津津乐道的互利共生的例子。

刚刚还是雄性

有趣的是，刚出生的小丑鱼都是没有性别的，经过1～2年后，慢慢成熟。随着成熟它们依然可以选择依然没有性别，或者变成雄性。不得不承认，作为从一开始就具有性别的人类，很难理解它们这种奇怪的行为。

小丑鱼是一夫一妻制的鱼，它们会自己寻找并占领合适的海葵，并在其中繁殖后代，雄性小丑鱼会在海葵附近营造一个家，这样海葵的触手可以保护它们。到了交尾季节，繁殖雄性小丑鱼更具有攻击性，它会追逐撕咬其他雄性，也会打开鱼鳍吸引雌性。然后它会带着雌性来巢中产卵，之后雄鱼使卵受精，为人父母的小丑鱼也会在家中守护自己的卵和领地，不让任何外界干扰伤害到它们的孩子。

随着成长，一个群体中体形最大、最有优势的那个雄性会成为雌性，个头第二的成为繁殖雄性，群体中仍然有无性别或是具有性别但不参与繁殖的雄性。然而，这个变化只能朝着一个方向进行，也就是说只能从无性别到雄性再到雌性，而不能够逆向转变。如果把一个海葵内部的雌性小丑鱼拿走，那么这一群里面最优势的雄鱼就会转变成雌鱼。有趣的是，群体中的雌鱼会有目的地攻击雄鱼，一定程度地阻碍它们觅食，或是消耗它们的体力，避免它们成为最优的个体从而变成雌性。

所以，在小丑鱼的世界中，很容易出现爸爸变妈妈，然后再找一个爸爸的离奇事件，或许，这就是属于它们的生存策略吧。

认识了海葵和小丑鱼这对海洋中互利互惠的好朋友，你了解它们了吗？海葵属于刺胞动物门，可以分泌毒液，但小丑鱼身上涂满海葵的黏液可以保护自己不被毒液所伤，它在海葵中隐蔽、安家，也能帮海葵清理身体，带来食物。在自然界，这样的好朋友还有很多，你能再举出几个例子吗？

第三章

来盘水产大餐
——软体动物和甲壳动物

你爱吃水产品吗？爆炒海瓜子、椰香咖喱蟹、芝士焗龙虾、蒜蓉粉丝扇贝……想想这些就垂涎三尺，你最爱哪一样呢？今天，我们就一起来一顿水产品自助餐过过瘾！等等，别光顾着吃，你知道这一盘大餐里都是些什么动物吗？它们谁和谁可以归为一类？它们生活在哪儿、吃什么？它们又有什么有趣的技能？你边吃，边听我讲。

Q弹的软体动物

这一盘有漂亮外壳的动物，就是我们常说的贝类，它们不仅在沙滩上留下了好看的贝壳，还给我们的餐桌上增添了丰富的营养。实际上，这些既美丽又美味的小贝壳，它们都叫作软体动物！

奇怪，明明外壳很坚硬啊，为什么叫软体动物呢？因为它们强硬的外表里面有一个柔软的小身体。哦——对，就是被你吃掉的那部分……

当你打开外壳，你会看到它们软软的身体被一层肉质的薄膜包裹着，像一件贴身的外套裹着内脏，我们把这层薄薄的肉质的膜叫作外套膜。为了保护自己柔弱的身体，这些软体动物会通过外套膜分泌出钙质的硬壳，就是我们所说的贝壳啦。因为不同种类的动物之间外套膜不一样，分泌出的硬壳也不一样，所以它们也就形成了各种各样、五彩斑斓的贝壳。

接下来，我们就看看有哪些软体动物。

1. 贝类

蚬、扇贝等贝类，做成食物之后你会看到一片贝壳承托着鲜美的肉。而实际上，还有另一片形状相似的壳，就好像蛏子、蛤蜊那样，有两片壳夹着它们柔软的身体，我们把这些具有两片大小相等的壳的动物叫作双壳类。大多数双壳类的两片外壳是对称的，但也有例外，比如牡蛎，也叫作生蚝。

双壳类动物通过开闭两片贝壳进行呼吸、进食，通常会食用海藻或是漂在水中的浮游生物。那么它们是怎么完成开合的呢？仔细观察，你会发现两片壳边缘连在一起的部分——韧带，它可以控制贝壳打开。而在贝壳里面，你会看到柱形的肉和贝壳相连，那是它们用来关闭贝壳的肌肉，称为闭壳肌。闭壳肌粘连着两片壳，它收缩，壳就合上了。

我们吃贝类的时候会发现，有些粘在一起打不开，这是为什么呢？其实在烹饪之前，它们都是闭合的，如果在它们还新鲜的时候烹饪，它的韧带是具有弹性的，拉紧两片贝壳，当加热过程中，闭壳肌失去作用，贝壳被韧带拉开。而死后很久的贝类再拿去烹饪，它的韧带已经没有了弹性，所以不能把两片壳拉开，我们就会看到闭合的贝类了。

一些贝类是会产珍珠的，珍珠是怎么形成的呢？记得上面提到过的外套膜吗？当一些细小沙粒进入这些贝类的外套膜的时候，它柔软的身体就会受到伤害，这时，外套膜开始围着这颗小小的异物表面分泌珍珠质，一层一层的，久而久之就形成了一颗珍珠。

原来小小的贝类这么有趣。

2. 螺类

继续观察我们的水产餐盘，除了圆形的贝类，还有一些有着旋转卷曲的美丽外壳，它们叫作螺，是软体动物中最繁盛的一类。虽然它们只有一个壳，但这个壳看起来像一个尖顶的小房子，足够保护自己，它们柔软的身体可以完全缩在里面。有趣的是，螺钻进去之后，一个圆形的小盖子会盖住底面。这个小盖子叫作厣（yǎn）。螺可以通过足部肌肉的收缩控制那个叫作厣的小盖子打开或关闭，让自己获得保护，安全指数五颗星。

说起水产餐盘中的螺类，最著名的就是鲍鱼了。鲍鱼虽然名字里面有个“鱼”字，但不要被它的名字骗了，它并不是鱼，而是一种长有坚硬外壳的软体动物。我们在海边见到的螺，通常是处于粘到石头上的状态，鲍鱼也会用它宽大且扁平的肉足爬行，或者吸附在岩石上，吸力非常大，足以保证自己不被海边的风浪卷走。

说起螺，就不得不提钉螺与血吸虫了。血吸虫是一种寄生动物，又叫作裂体吸虫，属于扁形动物，钉螺是血吸虫的主要中间寄主，血吸虫幼虫在钉螺内寄生，被人误食后会危害人类健康。在我国流行的主要是日本血吸虫，如果人频繁地在有血吸虫的水体中活动，它们可能会直接通过皮肤侵入，损害内脏器官，严重危害身体健康。如果买来的钉螺没有彻底煮熟杀菌就食用，那么虫卵有可能在人的肠道内寄生。爱吃水产的朋友们一定要注意食用之前断生或煮沸。

3. 无壳的软体动物

有一些其他的软体动物出现在我们的菜单中，它们依然保留着柔软的身体，但是，我们看不到它们的壳了！

比如，乌贼就是一种软体动物，我们也把它叫作墨鱼或者墨斗鱼。如果你买来乌贼烹饪，会发现它仍然长有石灰质的壳，只不过长到身体的里面去了，我们称之为内化。而它之所以得名墨鱼是因为它可以喷出墨汁，它的细胞中充满黑色的颗粒，破裂后就会形成墨汁，墨汁进入一个叫作墨囊的地方储存下来，当遇到敌人的时候，它就将墨汁释放出来，敌人在一团乌黑中还没反应过来，乌贼就溜之大吉了。乌贼有很多种烹饪方法，台湾街头有一道叫作花枝丸的小吃，花枝指的就是乌贼。

我们吃的鱿鱼，其实是枪乌贼，它的体内还保留有角质的壳。枪乌贼和乌贼虽然都有10个腕足，但要区分它们还是很容易的，枪乌贼身体的一端是锥形的，而乌贼身体的一端像个袋子。

章鱼与枪乌贼、乌贼都不同，它身体的一端是球形，由于有8个腕足，它也被叫作八爪鱼。章鱼的壳已经退化掉了，正是因为没有硬壳，所以它们的身体极其柔软，还很喜欢钻进狭小的空间里面。海洋中被人丢弃的瓶子就成为它们的乐园，人们在打捞上来的瓶子里偶尔会发现顽皮的八爪鱼。

麻烦的甲壳动物

虾、蟹都是水产餐桌上的必备品，但是要想吃到它们新鲜肥美的肉，可要费一番功夫，因为它们不仅长有厚厚的外壳，还长有很多麻烦的腿。吃的时候一般会先剪掉它们的腿，再拨开外壳。如果你仔细观察这些腿的话，会发现它们有好多节，我们把这些附肢分节的动物统称为节肢动物。节肢动物是所有动物中数量最多、分布最广泛的一大门类，当然啦，这一篇里面我们只介绍其中可以“登上”餐桌的水产。由于虾、蟹体外披着外壳，我们称它们为甲壳类动物。

1. 虾兵

我们平常吃的虾，名为中国对虾，因为以前常常成对出售所以得名。现如今，虾已经成为我们餐桌上的常见菜肴了，你有没有发现，煮熟的虾比活着的时候更弯曲，背也更弓呢？这是因为它们的神经在腹部，死去的时候神经会收缩，腹部神经一拉紧，就把整个身体收成了弓形。

此外，如果你细心的话，还会发现，煮熟的虾、蟹通常是美丽的橙红色，但是活着的时候它们多数都是青色。为什么一加热就变成红色了呢？原来，它们体内都有一些色素，活着的时候同蛋白质结合在一起，没有显现出原本的颜色，而加热以后蛋白质被破坏，这些色素被释放出来，于是显露出红颜色。

虾个头小，吃着不过瘾，要说大餐，一定要有龙虾。澳洲龙虾体肥味美，全身暗红色，腿金黄色，非常漂亮。它们白天的时候躲在洞穴里，动用灵敏的触角探知外面的动向，晚上才出来活动。遇到危险时，它们会转动触角发出声音吓唬敌人，受到惊吓的时候会向后弹起来，样子非常有趣。龙虾除了可以用嘴识别味道，还可以用脚识别味道，这是因为它的足部有味蕾。找到食物后，它们会用螯将其放入口中进食，通常吃些水藻，也吃一些海中的小动物。

水产之中还有一道特色佳肴，它就是我们常说的“麻小”。“麻小”是麻辣小龙虾的简称，而这种小龙虾的学名叫作克氏原螯虾。其实，这种小龙虾并不是原本就生活在我国的物种，它原产于美国，后被带到中国。它们的适应能力很强，在河流湖泊等环境中都能生长，食物种类也多，对于环境的忍受能力也比较高，因此，它们迅速地扩张，成为优势物种。像克氏原螯虾这样，从外部来对原本在我国生活的动物造成了危害，我们把这样的现象叫作外来物种入侵。但是不得不承认的是，这个入侵物种，的确很好吃。

还有一种好吃的虾，就是粉色的、肉肉的，吃起来很麻烦但很鲜嫩的皮皮虾。其实它的学名叫作虾蛄（gū），多栖息在海底，常在沙泥中挖出U字形的巢穴居住。虾蛄有一对镰刀一样的前脚，那是带有攻击性的附肢，有趣的是它们的前脚很有力量，进食的时候它们很灵活地用前脚敲击，可以破坏贝类等坚硬的壳来获得食物，自带“弹指神功”，所以也叫螳螂虾。有趣的是，如果将它的尾巴倒过来看，好像一顶乌纱帽，所以有的地方叫它官帽虾。

虾蛄

2. 蟹将

螃蟹是非常受人喜欢的水产品，同时也是很有趣的一类动物。它们挥舞着像钳子的螯，保持一副永远不变的表情，移动自己的八条腿，在水边爬行。海蟹一般会藏在石头缝隙中，当海水退潮，它们就会现身，在沙滩上留下一行行足迹，然而并不是所有的螃蟹都横着走，比如和尚蟹就可以向前走。

蟹类中，我们比较熟悉的是大闸蟹和梭子蟹。

秋季是吃大闸蟹的最佳时节。大闸蟹是河蟹，学名是中华绒螯蟹，为什么叫这个名字？我们把螃蟹的钳子称为螯足，这是它取食和防卫的工具。观察我们爱吃的大闸蟹可以发现，它的螯足上长有绒毛，所以它被叫作绒螯蟹。除了螯足，螃蟹用来走路的四对足称为步足，如果你仔细观察螃蟹的最后一对足，就会发现它们跟前面的三对不太一样，末端并没有那么尖，反而是扁平的，因为这对足是螃蟹游泳用的。

梭子蟹是海螃蟹，一般指的是三疣梭子蟹。它的身体成一个梭形，再加上背上有三个凸起来的疣突，所以得名。

挑选螃蟹的时候，有人爱吃雄蟹，有人爱吃雌蟹，你知道如何区别雄雌吗？告诉你一个窍门，可以看腹部，如果腹部是尖的就是雄的，是圆的就是雌的。爱吃螃蟹的人不仅仅垂涎它的肉，还喜爱吃雌蟹的蟹黄和雄蟹的蟹膏，那蟹黄蟹膏究竟是螃蟹的哪一部分呢？实际上，雌蟹的蟹黄主要是它体内的卵巢（包含未排出的卵细胞）和消化腺，雄蟹的蟹膏则是副性腺和分泌物。总之，你爱吃的，是它们的生殖系统……

有一些蟹因为体形巨大让人印象深刻，比如帝王蟹，身长可达1米。但是你若数一数就会发现，它少了两条腿，只有3对步足。其实它并不是真正的螃蟹，而且螃蟹的脚是向前弯曲的，帝王蟹的脚是向后弯曲的。

还比如椰子蟹，它也不是真正的螃蟹，而是一种寄居蟹。椰子蟹以取食椰子得名，它们生活在海边的热带树林中，会爬到椰子树上，用螯剪下椰子，凿开椰壳，吃掉里面的椰肉，取食技能满分。繁殖季节，它们也会回到海洋中。作为一种寄居蟹，椰子蟹幼年期会躲在软体动物的螺壳中，保护自己，直到自己的硬壳发育完成，它才会摆脱螺壳自由活动。离开螺壳后，它们开始在沙子里面挖掘洞穴居住，等到个头长大一些，会再寻找新的更大的洞穴。

这一盘水产大餐分量不轻，不仅有贝、螺、章鱼等软体动物，还有虾、蟹这些节肢动物，你都记住它们了吗？下次吃水产的时候别忘了跟身边的朋友讲一讲。

除了文章中介绍的这些，水产里面经常出现的三文鱼刺身、海参又属于哪类动物呢？它们属于这篇文章提到的软体动物和节肢动物吗？请思考并在书中找答案。

第四章

早起的鸟儿有虫吃
——昆虫

你喜欢虫子吗？或者，你害怕它们吗？虽然居住在城市，你若留心观察，身边的昆虫依然很常见，不信？你有没有被蚊子叮过？有没有追逐过漂亮的蝴蝶？有没有在野餐时见到搬运食物残渣的小蚂蚁？有没有在炎热的夏季听到过蝉鸣？蚊子、蝴蝶、蚂蚁、蝉，它们都是昆虫。

一只昆虫六条腿，每条腿有三节

你是不是已经算出来每只虫子有十八个节了？正确，不过这并不是一道算数题，我们计算它们腿上的节，是因为它们本就是这样一个肢体分节的类群，叫作节肢动物。就和我们上一篇中提到的虾、蟹一样，腿上有很多节，但是虾、蟹属于节肢动物门甲壳纲，而虫子专属于节肢动物门昆虫纲。昆虫纲是种类和数量最多的一纲，它们的分布特别广泛，几乎遍布于陆地各处。目前已知的昆虫种类已经超过了一百万种，在所有物种中占到了一半以上。昆虫，就是这样一类个子不大但数量庞大的家族。

昆虫很好辨认，它们的身体分为头、胸、腹三个部分，胸部长有两对翅膀，三对足，也就是六条腿，每条腿上的三节都有不同的名称，与身体衔接的叫作腿节，向腿的末端依次是胫节、跗节。除了分节的腿，它们还长有复眼和一对触角。

自从几亿年前昆虫出现，地球上几次物种大灭绝都没有让它们消失，直至今日，昆虫依然是占据陆地各个角落的顽强物种。那么，究竟是什么让它们躲过了多次地球的灾难呢？

首先，它们具有翅膀，可以飞上天空。在无脊椎动物中，昆虫是唯一能飞行的一大类群。通过飞行，它们有更广泛的生存空间可以选择，还能够在更大的范围内觅食、躲避天敌等等。

其次，它们的繁殖能力很强，通常能产卵数百颗。具有社会性行为的蚂蚁、蜜蜂、白蚁生殖能力更强，还有能够孤雌生殖的蚜虫，一只雌性蚜虫不需要雄性就可以繁殖后代，这样强大的生殖能力，让它们能一直维持着自己的种群。它们的个体通常很小，对生存空间没有很大的要求，不像一些大型的哺乳动物，需要上百平方公里的生存空间，这就让它们大量产下的卵有更多的成活机会。

最后，昆虫适应环境的能力很强，它们能接受并适应不良环境，比如在寒冷的冬季，蚊子卵会休眠，等到来年春天天气回暖，再开始发育。

蜘蛛、蜈蚣和蝎子是昆虫？纯属误会！

我们常常将蜘蛛、蜈蚣、蝎子这类长了很多腿，看了让人头皮发麻的动物也归入昆虫的行列，但是，你如果仔细数一数，就会发现它们并不是只有六条腿，像蜘蛛有八条腿，属于节肢动物门的蛛形纲，而腿多得数不过来的蜈蚣属于唇足纲。所以它们并不是昆虫，有些还有剧毒。

昆虫的家谱

我们在谈论昆虫的时候，会听到专家讲这种昆虫是鞘翅目、鳞翅目、双翅目、半翅目或直翅目等，所有的昆虫都是有翅的吗？这个家族都是根据翅来分类的吗？

其实，昆虫纲的动物可以分为两类，一类是不太常见的无翅亚纲；另一类是常见的有翅亚纲，有翅亚纲里面又根据成员的特点分为多个家族。

如果你仔细地观察昆虫的翅，会发现上面有横向或者纵向的脉络，叫作翅脉，不同昆虫的翅脉有各自的分布特点，叫作脉序。记住脉序的特点很重要，因为通过它就可以准确地给昆虫分类了。

鞘翅目是昆虫家族中数量最多、分布最广的一类，堪称昆虫纲的第一大目。它们的前翅比较坚硬，上面没有翅脉，像个外壳一样，因此叫作鞘翅目。我们熟悉的鞘翅目昆虫有天牛、瓢虫、屎壳郎、金龟子、独角仙等，还有潜水甲虫——龙虱以及美丽的萤火虫。

鳞翅目是继鞘翅目之后的第二大目，包括蝶、蛾两大类，它们的翅上有鳞，光在这些鳞片上经过折射、反射等，让它们的翅显得色彩斑斓。

名列第三、第四大目的分别是膜翅目和双翅目。膜翅目包括我们熟悉的蜂、蚁等，它们的特点是翅像一层薄膜，看上去是透明的。双翅目的昆虫，它们的后翅退化成一对平衡棒，因只有一双翅而得名，如蚊、蝇、虻等。

螳螂、蟋蟀、螽（zhōng）斯都属于直翅目的昆虫，因它们的翅脉大多比较平直而得名。它们后腿的弹跳能力很强，会在与自己颜色相近的草丛中生活。有趣的是，我们常听到的蟋蟀的鸣叫并不从它们的口腔发出，而是雄性靠翅膀与身体间的摩擦发出声音。雄性用这吸引雌性，而雌性不发出声音。

半翅目的昆虫，通常前翅的基部骨化、较厚，另一半为较薄的膜质。蝽就是半翅目的昆虫，由于一些蝽具有臭腺，防卫时会释放具有异味的气体，因此也被人们称作臭虫。

等翅目前后翅的大小脉序都一样，因此得名，这一目的昆虫就是我们常说的白蚁。

虫大十八变

成年昆虫通常和幼年的模样相差很远，如果你对应着一只成虫和它幼年的照片，你可能完全看不出它们是同一种虫。我们将这样的成长方式叫作变态发育。

人们根据虫子变化的方式将变态发育分为完全变态和

不完全变态。完全变态的昆虫一生分为四个阶段：卵、幼虫、蛹、成虫。不完全变态则没有“蛹”这一时期，只经过卵、幼虫、成虫三个阶段。

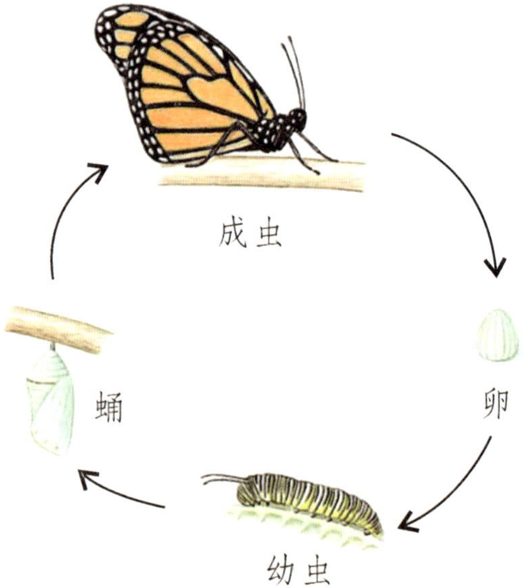

蝴蝶的完全变态发育过程

完全变态的昆虫幼虫和成虫有完全不同的外形。我们熟悉的蝴蝶就是完全变态昆虫。能想象吗？我们脑海中漂亮优雅的蝴蝶仙子，在幼虫期其实就是条肉虫子。在幼虫时期它们会用伪装保护自己，比如外表用和环境类似的颜色隐藏自己，或者干脆长一身条纹或者像眼睛一样的斑点，让敌人害怕而不敢近身。一些幼虫还会在化蛹前吐丝作茧，接着变化成蛹，它的器官开始慢慢向成虫转变，然后它就会咬破这个茧，钻出来。以往让人心生畏惧的肉虫子就这样变成蝴蝶飞走了。像我们熟悉的鳞翅目的蝶、蛾，还有双翅目的苍蝇、蚊子都是完全变态的昆虫。

蜻蜓、蟋蟀、蝉这些是不完全变态昆虫，这一类昆虫的幼虫与成虫在形态结构和生活习性上差异不大。例如，蜻蜓的幼虫就长得与成虫很类似，所以也被称作若虫。由于体内没有骨骼，不完全变态昆虫要长大就需要蜕皮，有一种激素专门控制它们在成长中蜕皮。我们常见的蝉蜕，就是蝉宝宝长大时蜕下的壳。

每时每刻，都有昆虫在变化、在长大，它们日复一日地觅食、休憩，通过交尾产卵，在自然界孕育新的生命。

嘴巴决定食物

不同昆虫的食物和进食方式有很大不同，这其实与它们的嘴巴有很大关系。我们将昆虫的嘴称为口器，常见的口器有几种，分别是刺吸式口器、虹吸式口器、舐吸式口器、嚼吸式口器、咀嚼式口器等。

蚂蚁具有咀嚼式的口器，这是最原始的口器，能够对食物进行简单的咀嚼，也就是嚼，其他口器都是由最早的咀嚼式慢慢演化而来的。

嚼吸式口器是蜂类的口器类型，它们保留这样的口器既能够咀嚼花粉，还能够吸食花蜜，同时具有嚼、吸功能，因此得名。

苍蝇的口器是舐吸式口器，会舔舐食物的汁液，它们的嘴周围长有一些细小的毛发，能用来探知食物的气味，遇到固体食物的时候它们可以吐出消化液，腐蚀食物，进而吸食汁液，它们很喜欢腐烂的水果和粪便。

虹吸式口器是蝶、蛾类——鳞翅目的口器类型，它们的口器就像发条一样，不用时卷起来，进食时从头下面打开，探入花朵中饱餐花蜜。

说到刺吸式口器，那当仁不让就数讨厌的蚊子了，蚊子的口器像是针，可以刺入皮肤，吸食血液，半翅目的昆虫都具有刺吸式口器。如果仔细观察被蚊子叮咬的伤口，会发现并不是一个针眼，而是有很多个，这是因为它们长有六根“针管”。

成也昆虫，败也昆虫

昆虫虽然看上去不起眼，但在我们的生活中扮演着相当重要的角色。它们带来的不只是贡献，有时候也是灾难。

当然，昆虫的存在有非常重要的意义，它们的贡献还是远远大于危害的。昆虫最为知名的贡献是传播花粉。这里我们就要讲一讲劳苦功高的蜜蜂了。通常，发现花蜜后，蜜蜂会找到同伴，按照阿拉伯数字“8”那样来回飞行，告诉同伴蜜源所在，我们也称它们这种方式为跳

“8”字舞。在蜜蜂的家族中有严格的社会分工，其中负责采蜜的是工蜂。那么蜂蜜是怎么来的呢？原来，蜜蜂先吸食花蜜，花蜜中含水量比较高，随着花蜜在蜜蜂体内储存，水分慢慢减少，糖类也发生了转化，然后蜜蜂再将它们吐出来放入蜂巢，用蜂蜡保存。花蜜在它们体内贮存转化之后，变得更美味，营养也更容易被人体吸收。蜜蜂不仅能够生产蜂蜜，它们辛勤的劳作也在帮助花儿播撒花粉，孕育新的生命。如果你仔细观察一朵花的内部，你能够注意到通常它们会有两种不一样的花蕊，即雌蕊和雄蕊，当蜜蜂将小小的身体钻入花朵吸食花蜜时，雄蕊上的花粉就会沾到蜜蜂的身上，沾有花粉的小蜜蜂继续提篮采蜜，继而让那些花粉沾到其他花朵的雌蕊顶端，精子就顺着花粉管进入子房，与花朵的卵细胞结合，逐渐发育成种子，子房形成果实，种子传播出去，形成新的植株。

很多植物都依靠昆虫传粉，我们称它们为虫媒花。除了以分泌芳香和花蜜吸引昆虫，一些花也会假装成雌性昆虫的样子，雄性昆虫本想着前来交尾，但被花儿所骗，扫兴而去，而它的身上已沾满了花粉，随时会传播出去。昆虫以花蜜为食，同时还能帮助花朵传播花粉，这仿佛是植物和昆虫之间形成的一种契约关系，它们都履行着各自的职责，并依赖对方繁衍。如果没有昆虫完成传粉工作，那么陆地生态系统将很难维持平衡。所以说昆虫对自然界有伟大的贡献。

与此同时，昆虫会带来危害，比如，一个患有疟疾的病人被蚊子吸食血液，同时他体内的病源——疟原虫也可能被吸入蚊子体内，当这只蚊子再去吸食其他人血液的时候，疟原虫就被传播给他们。疟原虫并不是虫子，而是一种原生动物，它们只有一个细胞，却能够在血液中大量繁殖，同时产生毒素。毒素在人体内积累，造成感染者出现寒战、高热和出汗退热三个连续阶段。除了疟疾，由蚊子传播的还有登革热、病毒性脑炎、丝虫病等疾病。虽然目前对这些疾病已经有了预防与应急措施，但为了避免皮肤发痒红肿，在夏秋季节应该经常清理积水，防止蚊虫孳生，同时做好防护，避免蚊虫的叮咬。

早起的鸟儿有虫吃，早起的虫子好尴尬

我们常用早起的鸟儿有虫吃来激励自己勤劳努力，但是这句话对于虫子来说却有些尴尬，难道早起的虫子注定要被鸟吃掉？好尴尬……

其实，昆虫有各自不同的活动时间，有些在白天，有些在夜晚。根据科研或者应用的需要，人们通常会在夜晚用灯诱的方式捕捉夜间活动的昆虫。

例如在鳞翅目中，蛾子大多在晚上活动，而蝶则在白

天活动。但区分蝶和蛾不能只看活动时间，还得看触角形状和休息时翅膀的姿势。蝴蝶的触角是棒状，而蛾子的触角是羽状或丝状，蝴蝶在休息的时候会合起翅膀，腹面朝外，竖立起来，而蛾在休息的时候会将背面朝外，把翅膀平展开来。

不论是白天还是夜晚，昆虫都很会保护自己，它们或者让自己与环境的颜色一致，或者长得像某种植物的叶子，或者用浓艳醒目的色彩让敌人望而生畏，这几种保护自己的方式分别叫作保护色、拟态、警戒色。昆虫能广泛地生活在地球上的原因之一，是它们深谙此道。例如，有一种很有名的昆虫叫作桦尺蛾，它们曾经是浅灰色的翅膀，与树皮颜色相近，落在树干上不容易被天敌发现。后来，人们发现出现了越来越多黑色的桦尺蛾，浅色的很少。原来，工业发展释放的煤烟让树干都变成了黑色，浅色的蛾子落在上面太过明显，容易被天敌发现而沦为美餐，而深色的桦尺蛾凭借与树干融为一体而更可能存活下来。

看来，不同的昆虫有独特的保护自己的方式和活动规律，即使其中的一些被鸟吃掉也是自然界再正常不过的法则。所以，不要再用“早起的虫子被鸟吃”这种理由当作自己偷懒的借口了。

读完了这一篇，相信你更加了解昆虫家族，在它们之中有漂亮的蝴蝶、辛勤的蜜蜂，还有讨厌的蚊子和顽强的蟑螂。它们出现在我们的生活中，是地球上不可或缺的生命。

第五章

哇！食人鱼
——硬骨鱼类

从太空看地球，我们生活的地球是一个“水球”，70%的地球表面都被水体覆盖，也正是因为有水，生命才得以延续。说起水中的生命，我们首先会想到鱼。鱼类是脊椎动物中的大家族，是终生生活在水中的低等脊椎动物，世界上几乎所有水域都有它们的踪迹。它们在水中自在地游动，有些看上去乖巧可爱，有些令人毛骨悚然。接下来，就让我们一起探索鱼儿的奥秘。

水中的生活

如果你学习游泳的话，教练会告诉你在头抬出水面的时候用嘴巴或鼻子换气。我们在水下游泳需要换气，这是因为我们是用肺部呼吸空气的。而鱼类不同，它们用鳃呼吸。观察水里的鱼，会发现它们位于头部两侧的鳃盖一张一合，其中布满了鳃丝，表面有很多血管，在鳃盖张合的时候，血管可以吸收水中的氧气，进行呼吸。但是也有鱼类例外，比如说肺鱼，它们可以通过肺部呼吸，在没有水的情况下存活。

有时你会发现鱼类待在水中，即使不游动也不会沉下去或浮上来，这是由于它们体内有鱼鳔。如果妈妈告诉你今天吃鱼，你可以提前走进厨房，看到它们肚子里面那个鼓起来的半透明膜，像两个连在一起的小袋子，那就是鱼鳔。通过鱼鳔，鱼可以控制它们在水中的升降。氧气不足的时候，鱼鳔中的氧气还能够补充。大多数硬骨鱼类都有鱼鳔，一些没有鱼鳔的软骨鱼就很少偷懒休息，需要一直在水中不停地游动，保持身体在水中的位置。你要是去触摸鱼鳔，会觉得表面很黏稠，手感滑滑的。鱼鳔中的物质还可以作为鱼鳔胶，在制作风筝的时候使用，是一种生物胶。

鱼儿能够在水中呼吸、保持身体在水中的位置，接下来就是重要的游泳技能。我们能模仿青蛙的姿态游蛙泳，但我们很难模仿鱼儿游泳，因为我们没有它们灵活的、适应水中生活的鱼鳍。鱼鳍帮助鱼儿在水中保持平衡、控制方向，通常我们可以看到一对胸鳍、一对腹鳍、一对臀鳍，还有背鳍和尾鳍，都是根据它们的位置命名的。有时，一些鱼的某些鳍会退化不见，或者特化成不同的形状，有些鱼类的背鳍有一个，有些有两个。可以根据鱼鳍中刺的数量给鱼分类。

一些鱼类的体内有坚硬的骨骼，另外一些的体内为软骨，我们依据这些给鱼类划分为硬骨鱼纲和软骨鱼纲。大多数的鱼类都是硬骨鱼，软骨鱼包括鲨鱼、鳐鱼等，它们体内的骨骼就像我们耳朵里面的骨骼一样是软骨。鱼类的体外通常会长有鳞片，起到一定保护作用，但并不是所有的鱼鳞都一样。根据鳞的生长和组成不同，我们将其分为盾鳞、硬鳞、圆鳞、栉鳞，其中盾鳞是软骨鱼特有的鳞片。硬鳞是由真皮组成的，鲟鱼的鳞片就是这种类型；底部圆滑的骨质鳞片则为圆鳞，例如鲤鱼；底部有成排锯齿则为栉鳞，比如鲈鱼；也有一些鱼没有鳞片，像大多数的鲶鱼。

除了眼睛可以观察，鱼类还可以通过感知水的流动，来感受周围其他生命的活动，它的侧线就是感受器。如果我们观察鱼类的皮肤，会发现在鱼身体的两边各有一条侧线。

海马不是马，鲸鱼不是鱼

有些鱼类虽然长相夸张，不是我们熟悉的纺锤形，但它们的确是鱼。

比如海马、海龙，虽然长相和鱼类相差甚远，但它们都是鱼类。它们也具有鳃孔，有鳍条组成的鱼鳍。它们会用尾巴悬挂在海藻上面固定身体。

有些生命虽然叫作鱼，也常被人们误认为鱼类，但它们并不是鱼。

比如鲸，有时会被认作是最大的鱼类，但并非如此。它们虽然足够庞大，但并不是鱼。这类大块头的动物没有鳃，用肺呼吸，它们的鳍并不是像鱼儿一样有一条条鳍刺，而是分布有肱骨、尺骨、桡骨、掌骨、指骨，就像我们手臂中的骨骼那样。只不过鲸“手臂”中的每块骨都较短，使得“手臂”像桨一样，适合游泳。实际上，鲸是栖息在海洋中的哺乳动物，也是最大的哺乳动物。

那么，究竟什么是鱼呢？

鱼类是一群身体结构适合栖息在水中的动物，它们体外覆盖着一层鳞片，利用鳃来呼吸，用鳍游泳前进，等等。不同种类的鱼身体差异也很大，它们种类繁多、族群庞大，在所有的脊椎动物中，鱼类的种类占到了一半以上。

其实，还有许多生物因为栖息在水中或者名字里面有一个“鱼”字，常被误认为是鱼，事实上它们根本不是鱼类，你还能举出几个这样的例子吗？

专门吃人的鱼？

在故事和电影中，有一种非常凶猛和可怕的鱼类，我们叫它食人鱼。食人鱼难道真是专门以人为食的？并非如此，这只是电影中做了夸张，为了获得惊悚效果而设定的，试想这些生活在水中的鱼类倘若每天都等着人类下水才能得到自己的食物，恐怕早已因饥饿而灭绝了。实际上，自然界中的确有这样一类鱼，但它们并不像电影中那样可怕，反而要比我们想象的温顺许多。

电影中食人鱼的肚子下面呈橘红色，所以被叫作红腹食人鱼，学名叫作纳氏臀点脂鲤，也被叫作食人鲳。它在鱼类分类中属于脂鲤科，这一科鱼的尾柄上方通常会长有第二背鳍，是一个小小的脂鳍，里面没有鳍刺。

食人鱼

由于电影《食人鱼》的巨大影响，它们常被认为会主动袭击人类。实际上，这些鱼类生活在南美洲亚马孙流域，在雨季食物充足时，它们大多吃一些植物和昆虫，并不会集群去猎捕大型猎物，而在面临猎食者时会集体防御。也有人将其作为观赏鱼饲养。成群的食人鱼通常比较凶狠，而单独的个体并不可怕。食人鱼以其啃咬的力量强大著称。它们的上下颚粗壮有力，满口三角形的锋利牙齿不断生长、更替。它们不必担心在进食中碰掉牙齿，通常咬住食物后不松口，扭动身体直到将食物咬下吞入口中。

因此，它们显得异常凶猛，如果钓到它们不能直接用手去抓，以防被它们咬断手指。它们很少主动攻击其他动物，除非遇到动物在水中受伤，才可能会去饱餐一顿。

脂鲤科的其他鱼类也有相似的长相，较大的有红银板、黑银板（也叫短盖锯脂鲤），它们在分类上属于脂鲤科，虽然这一科的鱼类大多数性情温顺，但还是有少数肉食性大型凶猛鱼类。

在亚马孙，食人鱼是当地水獭、白鹳等动物的美餐，又因为它们数量多而且有贪食的习性，很容易被钓上来，因此，食人鱼也成为当地人们的喜爱的食物。

餐桌上的美味

鱼类富含丰富的营养和蛋白质，很早就成为人们餐桌上的佳肴。从捕鱼到养鱼，人类已经有了成体系的生产链。

我国养殖和食用最广泛的四类鱼，被称为四大家鱼，它们包括青鱼、草鱼、鲢鱼、鳙鱼，目前餐桌上比较常见的还有鲈鱼、鲫鱼、带鱼、平鱼等。随着饮食文化的发展，鱼类的烹饪方法也多种多样，水煮鱼、酸汤鱼，都是广受人们喜爱的菜肴。

然而，捕捞鱼类需要遵从规律，不能涸泽而渔。捕鱼行业有一段休渔期，这期间是不允许捕捞鱼类的，休渔期是为了留出充分的时间让鱼类生长繁殖。即使在捕鱼期，渔网的网眼大小也要限制，这样才能够保证鱼苗继续在水中成长繁衍。

神秘的亚马孙

位于南美洲的亚马孙河绵延6992千米，源自安第斯山，汇入大西洋，是世界上流域最大、支流最多的河。亚马孙河中生活着约5600种淡水鱼，几乎每年都能新发现数十个物种，是野生淡水鱼的天堂。

与此同时，亚马孙也是一片热带雨林。这里在赤道附近，温度较高，雨量丰富，植物生长得格外茂密，有很多神秘的动物也栖息于此，促成了热带雨林极其丰富的生物多样性，可以说热带雨林是一个生命王国。同时，热带雨林吸收二氧化碳，释放大量的氧气，赢得了天然氧吧的美誉。

生活在这里的巨骨舌鱼因体形庞大而闻名，堪称是世界上最大的淡水鱼之一，身长能够达到3米，最长纪录达到过4.5米，也被称作海象鱼。我们熟悉的龙鱼就是骨舌鱼科的，金龙鱼的名字叫作美丽硬仆骨舌鱼，银龙鱼的名字为双须骨舌鱼，因它们有两条触须，神态像龙而得名龙鱼，它们会将自己的卵含在口中孵化。

在神秘的亚马孙河，当雨林的水位上涨，一些树木的果实会淹没在水中，成为一些鱼类的食物。它们通常会成群地围绕着这些树木进食，之后把不能消化的种子排泄出去，帮助了雨林植物播撒种子。

这里的凶猛鱼类有很多，以至于让我们闻风丧胆的食人鱼都难以位列榜首。这里的刺鲶、电鳗都是狠角色，在水下大战中，刺鲶会竖立起全身的刺让食人鱼无法近身，而电鳗会释放电流杀死食人鱼再将其吃掉。

被破坏的家

随着人类活动的增加，海洋或湖泊中的鱼类受到各种各样的伤害。比如轮船在作业的过程中撞伤鱼类，有毒物排放到水体中，导致鱼类死亡。同时，一些有毒有害物质在鱼类体内积累，然后随着食物链进入人的体内，最终伤害人类自身健康。

一些人为活动会造成更严重的后果，例如放生。随着交通的发达，人们接触到的鱼类越来越多，也会购买一些观赏鱼饲养，这些作为宠物的鱼类一旦被弃养，很可能被放到附近的湖泊中，而这些观赏鱼并不是本地的原生鱼类，不当放生会造成生态入侵，产生难以挽回的后果。关于生态入侵，大家熟悉的一件事就是美国曾引入亚洲鲤鱼来改善生态环境。然而，引入的亚洲鲤鱼适应环境，因为没有天敌而大量繁殖，它们占据了本地鱼类的生存空间，也抢夺了本地鱼类的食物资源，导致本地鱼种数量下降，难以生存。这样的引入导致原来的生态平衡被破坏，改变了原始的生态链，造成了严重后果。

破坏不仅仅发生在水域，亚马孙热带雨林也曾经由于人类的砍伐而面临严重的威胁。人们在这里获取天然木材，建造牧场、农场，导致雨林的面积迅速缩减。热带雨林是一类意义非常重大的生态系统，它能净化空气、调节气候、过滤污水，也为众多的动物、植物提供生长栖息环境。如今，随着人们逐渐意识到热带雨林与全球生物多样性、全球气候变暖的直接关系，这里的环境保护也受到了越来越多的关注。

上亿年前，鱼类的一支开启了脊椎动物向陆地进发的篇章，逐渐演化出了今天的两栖类、爬行类、鸟类、哺乳类。今天，鱼类仍然作为生态系统中的一员栖息在水中，不论是海水中，还是淡水中都有它们的踪迹。而水不仅是它们存活所依赖的条件，也是我们生存必不可少的物质。

第六章

啊！有鲨鱼
——软骨鱼类

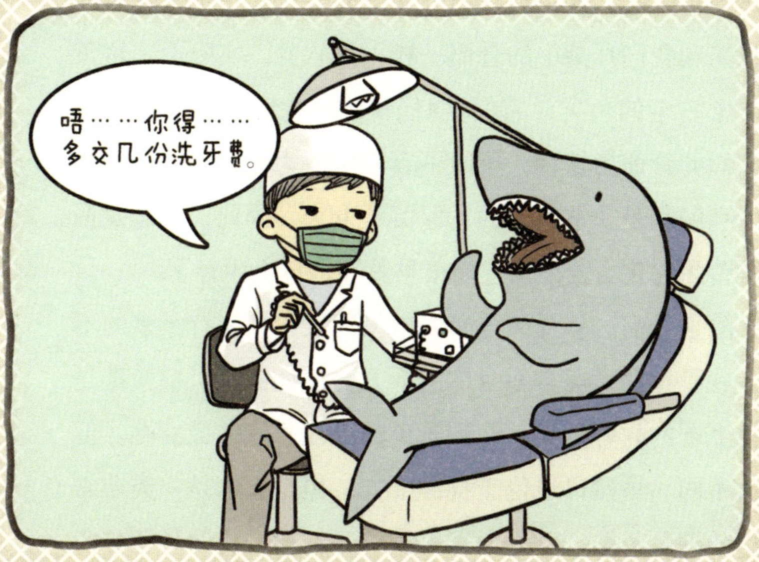

鲨鱼是人们经常提及，又不由得害怕的凶猛鱼类。我们印象中的鲨鱼用它的背鳍划开海面，游动起来悄无声息，长有满口锋利的牙齿，嗅到血腥味就兴奋起来，以最快的速度逼近猎物，然后吃个精光。然而，并不是所有的鲨鱼都像我们想象的那样凶猛，最小的鲨鱼，甚至可以让我们捧在手心里。现在，让我们来全面详细地了解鲨鱼吧！

其实，我是软骨头

为什么说这个凶猛的家伙是软骨头呢？因为，它的骨头真的是软的。鲨鱼在动物分类中属于软骨鱼纲，它体内的骨骼和我们耳朵中的骨骼一样，是软骨。实际上，鲨鱼是非常古老的鱼类，它们在4亿年前就生存在地球上，因为它们的骨骼为软骨，所以不容易保留为化石，但它们的牙齿和鳍刺是非常坚固的，保留了下来。因此，我们发掘的鲨鱼牙齿化石，证明它们很早就在地球上生存了。

除了骨骼，软骨鱼与我们常见的硬骨鱼还有很多的不同。软骨鱼的嘴通常在身体的下方，比如魟鱼、蝠鲼都是嘴在下端的软骨鱼类，而硬骨鱼的嘴在身体的最前端。但鲟鱼不同，虽然口也位于身体下方，但是它们是一类非常原始的硬骨鱼类。动物学家根据鱼鳍的形成将硬骨鱼分为肉鳍鱼和辐鳍鱼：肉鳍鱼就是4亿年前利用肉质的鱼鳍从水中登上陆地的一类鱼，现在唯一一种生存的叫作拉蒂迈鱼；绝大多数鱼都是辐鳍鱼，它们的鱼鳍中有辐射排列的鳍刺。鲟鱼是辐鳍鱼中较为原始的种类，是一类软骨硬鳞鱼，它的骨骼同鲨鱼一样是软骨，但身体外侧有5列纵向排列的鳞片，即为硬鳞。

软骨鱼与硬骨鱼的区别还在于有没有鱼鳔。硬骨鱼可以通过调节鱼鳔来控制身体的沉浮，而作为软骨鱼的鲨鱼需要通过不停地游动来保证自己在水中不下沉。同时，鲨鱼的肝脏储存了大量的油脂，这可以帮助它们降低身体的重量，增大浮力。

大多数硬骨鱼的尾巴上下两片是对称的，称正尾。而很多鲨鱼的尾巴上下不对称，上叶要比下叶大许多，我们称这样的尾巴为歪尾。

鲨鱼的鳃和我们常见的鱼不同，并不是一个半圆形的鳃盖，而是几条裂缝，称为鳃裂。如果你耐心盯着它们数一数，通常是5条鳃裂，也有少数有6条或7条。鲨鱼和其他鱼类一样都是用鳃来呼吸。鲨鱼张口让水进入咽部，并通过鳃裂让水流出体外。当水流经过鳃瓣时，水中的氧气渗透进入血管，血液中的二氧化碳渗出到水中，鲨鱼就完成了气体交换过程。

海洋霸主

鲨鱼凭借自己的灵活、敏锐和凶猛称霸海洋。它们之所以有这样的地位，与它们身体的适应性特征密不可分。

鲨鱼身体中的骨骼为软骨，它们与硬骨一样能够起到支撑身体、保护内脏、支持肌肉运动的作用。同时，由于软骨比较轻巧且富有弹性，鲨鱼运动起来格外灵活，庞大的身躯在海洋中丝毫不显得笨重。

另外，它们的身体基本是流线型，能够在游动中减少水的阻力，所以它们可以在水中迅速地完成转身，快速地追击猎物。

除了流线型的身体与软骨，鲨鱼还有专属的独特鳞片——盾鳞。盾鳞通常由两部分组成，一部分埋在皮肤的内部，被称为基板，里面贯通着血管和神经，另一部分伸出皮肤的外面，叫作棘突。在鲨鱼表面我们可以看到很多齿状的突起，就是盾鳞棘突。

鲨鱼的牙齿让人望而生畏，它们的牙齿有好几排，数量远比我们看到的要多。最外排的牙齿帮助它撕咬，里排的牙齿留着备用，像瓦片一样重叠着。它们从不害怕吃东西的时候碰掉牙齿，因为最外层的牙齿脱落，里面备用的牙齿就会填补空缺，怪不得它们总是能够尽情地撕咬猎物。鲨鱼的牙齿形状与其食性密切相关：例如噬人鲨的牙齿呈三角形，边缘具有细锯齿；虎鲨的牙齿宽大呈臼状；鲸鲨的牙齿数量最多，它们虽躯体庞大，但牙齿却短细如针，嘴里有几千颗细小的、钩状的牙齿，用来过滤食物，而且这些牙齿一年要更换两次。

鲨鱼的种类不同，尾的形状有较大的差别，这与尾的功能密切相关：通过快速游动来捕获食物的鲨鱼，它们尾巴的上下部分大小几乎一样，比如灰鲸鲨；在海底觅食的种类，它们的尾巴上叶就比下叶大很多，比如比尾鲨。猎食时，比尾鲨会用尾巴狠狠击水，发出一种可怕的声音，一些鱼受到惊吓甚至失去知觉，成为比尾鲨的美餐。

鲨鱼的视力不错，虽然它们因为视网膜中缺少视锥细胞以致辨别颜色和细节的能力较差，但是它们的视杆细胞特别丰富，因此，它们能在光线极弱的水中看清周围环境，并能迅速准确地追捕食物。鲨鱼不会闭上眼睛，也不会流泪，这是因为它们没有上下眼睑，也没有泪腺。但有趣的是，它们具有能动的“第三眼睑”，可以由下至上将眼睛遮住。

鲨鱼的嗅觉也极为发达，它们的鼻腔中密布着嗅觉神经，可以嗅出水中百万分之一浓度的血液。噬人鲨可以凭借灵敏的嗅觉闻到几千米外受伤的海洋动物的血腥味。同时，它们还能够感应附近鱼类的游动，因为鱼类在游动的时候会因肌肉的收缩产生电位差，一定距离内的鲨鱼能够感受到这种微弱的电刺激，从而发动进攻。

鲨鱼是海洋中咬合力最强的生物之一。通过传感器可以测定动物的咬合力，研究人员曾将咬合力测量仪藏在鱼饵中，用来测定一条两米长的乌锥齿的咬力，其咬力达60千克，这相当于在牙尖上每平方厘米施加3吨的压力。难怪我们常在新闻中看到一些船体被鲨鱼咬破。

只认得大白鲨?

鲨鱼的种类很多，已发现的鲨鱼种类有500余种。种类不同，鲨鱼个体大小也相去甚远，大的个体长达20米，小的只有二十多厘米。不同种类的鲨鱼会选取不同的食物，有的食肉，比如捕食海豹、海龟等，有的只吃浮游生物。

大白鲨

我们在电影中看到的大白鲨属于鼠鲨目，因为它们的吻部很尖，像鼠一样。它们具有两个背鳍，海洋中大部分鲨鱼都属于鼠鲨目。这一目的鲨鱼也因为大白鲨而被人们所熟知。

因为大白鲨有时会袭击游泳、潜水或冲浪的人，所以它被人类熟知并且害怕。其实大白鲨的好奇心很强，它会用啃咬的方式去探索不熟悉的物体。动物学家发现它们甚至还会将一些奇怪的物体吞到胃里，比如木块、钢笔、玻璃瓶……还好它们的胃部有较厚的一层胃壁，让这些凶猛的“收藏家”不至于死于好奇。

长尾鲨也属于鼠鲨目，它们会吃乌贼或者鱼群。捕猎时，它们先用长尾把猎物圈赶成小群，然后甩动尾巴，成片地打晕猎物，或拍击水面，吓得猎物聚成一团，甚至失去知觉，这时长尾鲨才开始从容地进食。

除了鼠鲨目，较为凶猛的还有真鲨目。这是鲨鱼中族群最复杂一个类群，猫鲨、皱唇鲨、真鲨和双髻鲨都属于这一目。

真鲨目的白真鲨，有一个更为霸气的名字——公牛鲨，它们的外形壮硕如牛，鼻端宽阔扁平，还具有较强的攻击性，因而得名。更为人称道的是，它们是唯一一种可以生活在盐水和淡水两种环境中的鲨鱼，即使从海洋游进淡水里，仍能维持身体内的盐度平衡。

双髻鲨很好辨认，它们的头部两侧像绾了两个发髻，因而得名，大且圆的双眼位于头部两侧突出来的部分。长着这样帅气、有个性的头型究竟有何意图，这答案或许只有它们自己清楚，也许是这样能让它们通过嗅觉传感器发现更远距离的食物吧。

须鲨目具有世界上最大的鱼类——鲸鲨，它们游动缓慢，偶尔会看到它们在水面附近晒太阳。它们爱吃浮游生物、甲壳类、软体动物或者是一些小鱼。它们进食的方式称为滤食，鲸鲨吸进一口水，闭上嘴巴，然后把水从鳃排出，再把被鳃滤下的食物吞入肚子里。鲸鲨的鳃能过滤是因为它们的鳃上有许多小的分支，像一个过滤器，排水时，大于2~3毫米的浮游生物就被鳃挡住。

还有一种鲨鱼因为像戴着护士帽而得名，它们被叫作护士鲨，也叫铰口鲨，同样属于须鲨目。铰口鲨的嘴部较小，不能像一般鲨鱼那样狼吞虎咽撕咬猎物，但它们的鼻孔前缘有一对会颤抖的鼻须，能够侦测猎物的位置，使得它们嗅觉非常敏锐，找到食物后，它们会用自己强大的吸力，将一些小型鱼类吸入口中进食。

小到可以让我们捧在手心的鲨鱼来自角鲨目，这一目鲨鱼的特点是没有臀鳍，世界上最小的鲨鱼就来自这一目，它叫作宽尾拟角鲨，即使成年后也只能长到二十多厘米。

看来，鲨鱼也是种类多样、形态各异的一个类群，下次提到鲨鱼，脑海中可不要只有惊悚的大白鲨形象啦。

鲨鱼真的吃人?

鲨鱼虽然性情凶猛，但大部分是不会攻击人类的。它们大多以海洋哺乳类、鱼类、海龟和螃蟹等动物为食。在所有鲨鱼中，攻击人类的只有寥寥几种，其中以大白鲨、虎鲨、公牛鲨最为常见。但是，许多生物学家认为鲨鱼对人类的进攻或许是无意的，事实上，它们对“吃人”这件事并不感兴趣。

既然不感兴趣，那为什么要攻击人类呢？有些人认为，这是一种探索行为，鲨鱼只是咬来试试，并非真正要吃。但由于它们锋利的牙齿，惊人的咬合力，人类根本承受不了，通常因为失血过多或是伤处感染而死亡。也有人说，鲨鱼错误地认为某个人是它通常所吃的某种动物，而当它们辨别味道发现这并不是它平常的食物，多数情况下会把受害人放开。还有人认为，是因为人类闯入鲨鱼的领地或者干扰了鲨鱼的正常活动，鲨鱼才会主动袭击人类。

讽刺的是，同人类惧怕鲨鱼相比，鲨鱼更应该惧怕人类。调查显示，全世界每年约有30～50起鲨鱼攻击人类事件，其中有5～10起致人死亡，而人类每年捕杀的鲨鱼约有1亿条。

千万别吃鱼翅

有海洋霸主之称的鲨鱼从未想到鱼鳍会给自己带来灭顶之灾。不知从何时起，鱼翅成为人们饭桌上体现高贵档次的食物。其实鱼翅并没有什么特殊的营养成分，反而由于海洋污染而含有较多的水银、镉、铅等金属元素，这些金属元素是不会随着新陈代谢而排出体外，反而会在体内积累，导致生物中毒，所以，千万别吃鱼翅。

此外，取鱼翅的过程也非常残忍。人们捕捉到鲨鱼后，割下它的鳍，便将其抛回海中，鱼鳍的重量仅为整个鲨鱼体重的1%～5%，其余的95%～99%都被丢弃。失去鳍的鲨鱼就算没有失血过多而死亡，也会因失去游动能力沉入海底，饿死或被其他鲨鱼吃掉。据估计，50年来鲨鱼的数量下降了80%，鱼翅消费是首要诱因。

实际上，鲨鱼虽然寿命长，但生殖率低。对一些鲨鱼来说，十几岁乃至二十岁还不到繁殖年龄，加之鲨鱼的怀孕期很长，每次出生的幼鲨数量屈指可数，所以鲨鱼遇到过度捕捞，它们的数量便很难恢复。而鲨鱼在整个海洋生态环境中扮演着重要的角色，它们是海洋食物链最顶层的捕猎者，就像草原上的狼群一般，如果草原没有了狼群，整个生态系统就会崩溃。与狼群一样，鲨鱼通过掠食海洋中个小、体弱的海洋生物，淘汰掉劣势的个体，保持这些族群的健康，同时它们也保证一些小型鱼群不过分发展，从而维持海洋的生态平衡。

捕鲨导致的破坏性后果引起许多国家的关注，并采取了一些禁止捕鲨的措施。完全禁止捕鲨的有哥斯达黎加、巴西、加拿大和阿曼等国。关于食用鱼翅，新闻中是这样评论的：支撑很多人鱼翅消费的两个原因—— 一个是虚荣，一个是无知。一些人觉得吃饭一掷千金才显得排场，另一些人则误以为鱼翅是高级营养品，殊不知摆阔撑面子是一种病态心理，与现代文明格格不入。至于鱼翅的营养价值，充其量只相当于鸡蛋。所以文明消费，文明餐饮，应该从拒绝鱼翅开始。

看来，凶猛的鲨鱼并不是人类的噩梦，它们以各样的姿态生活在丰富多彩的海洋，它们寻着血腥味迅速地游动，它们追逐着鱼群捕食，它们也维持着整个海洋的繁荣与健康。这就是软骨鱼中的一大家族——鲨鱼，除了鲨鱼，你还记得哪些是软骨鱼吗？它们又有着怎样的特征呢？在海底世界中还有更多的秘密在等着你探索。

第七章

请叫我“王子殿下”
——两栖动物

翻开《格林童话》，你会看到一篇《青蛙王子》的故事，讲述了王子被施咒语变成了青蛙，后来得到公主救助，它也作为童话故事的代表广为流传。故事中，青蛙住在深深的水潭里面，可以跳到陆地上来寻找公主，它身体冷冰冰的，并且很光滑，这就是两栖动物的特征了。接下来，就让我们详细地了解一下这个神秘的两栖王国。

我才是两栖动物

作为正宗的两栖动物代表，青蛙王子发话了："那些常常被误认为是两栖家族的鳄鱼、乌龟并不属于我们的王国，不要将那些体表有鳞片、卵内有羊膜的爬行动物和我们混为一谈。"

虽然鳄鱼、龟鳖也能在水中和陆地两个地方栖息，但并不是能在两个地方栖息的就是两栖动物。在脊椎动物中，它们已经属于较两栖动物更加高等的爬行类了，那么两栖、爬行动物之间的区别是什么呢？观察蛇、鳄鱼的样子，你会发现它们身体表面布满鳞片，这能够帮它们保留水分，而两栖动物的体表没有鳞片，是光滑并分泌黏液的皮肤，这其实也表示着爬行动物已经可以完全在陆地生活，而两栖动物还处于水陆过渡阶段。再回忆鳄鱼、龟鳖，它们会直接在陆地上产硬壳卵，卵并不需要在水中发育，而两栖动物的生殖和发育都离不开水，它们的后代幼时在水中生活，用鳃来呼吸，长大后用肺和皮肤呼吸。

不要小看爬行动物所产的硬壳卵，它在整个脊椎动物的演化历程中可以说是一个里程碑。两栖动物因不具有羊膜卵，它们必须将卵产在水中从而获得水分，而爬行动物产羊膜卵，其中的羊水可以保护胚胎免于干燥和一些伤害。

虽然两类动物之间有很大的区别，但两栖动物与爬行动物都属于冷血动物。其实，除了哺乳类和鸟类，地球上大部分动物都是冷血动物，这意味着它们不能像我们一样保持恒定的体温，它们的体温会随着环境温度的改变而改变。所以，当天气寒冷时，两栖动物和爬行动物的新陈代谢就会减缓，这时它们会干脆找个地方休眠，度过严酷寒冷的季节。

小蝌蚪找妈妈

你听过《小蝌蚪找妈妈》的故事吗？小蝌蚪们遇到的虾、金鱼、螃蟹等动物，都不是它们的妈妈。之所以它们要去费心寻找自己的妈妈，是因为幼时的青蛙和它们的妈妈长相相去甚远，一只只小蝌蚪通常呈黑色，有大大圆圆的头和来回摆动的小尾巴，在水中游动。大多数的蝌蚪都是植食性的，它们刮食一些水藻，当然它们也不是完全的素食主义者，也会吃些浮游生物。

虽然青蛙、蟾蜍不是那么轻易见到，但我们大多会有儿时在池塘边捞小蝌蚪的记忆。蝌蚪的头部下方有吸盘，可以吸在水草上，两侧有鳃，用鳃来呼吸。由于两栖动物是脊椎动物从水中生活到陆地生活的过渡阶段，所以你会发现非常有趣的现象，幼时的两栖类会有像鱼一样的身型和呼吸方式，而成年以后的两栖动物，它们的鳃会逐渐消失，靠肺部和皮肤呼吸，大多数会长出四肢，从水潭中来到岸上，跳跃行进，取食一些昆虫，完成从水生到陆生的蜕变。

三大家族

所有的两栖动物在小时候都是“小蝌蚪”，但并不是所有“小蝌蚪”的尾巴都会消失，也不是所有的两栖动物都是一样的发育过程。根据它们发育后的身体形态，我们将其分为蚓螈目（或称无足目）、有尾目、无尾目三大家族。

蚓螈目我们接触不多，它们因为身体像蚯蚓而得名，但却有蛇一般的身材，完全没有四肢，看上去令人有些畏惧。这类两栖动物虽然看上去像蚯蚓，但是实际上大多以蚯蚓为食。

有尾目的长相相对亲和一些，与青蛙一类不同，它们的尾巴从小到大都不会退化消失，所以我们将其归为有尾目。而在变化过程中，有一些有尾目个体的鳃并不消失，肺部也并不发达，它们会用自己光滑无鳞的皮肤辅助呼吸。相比之前的蚓螈目，它们已经长出四肢，只是还有尾巴，有些种类只长出两个前肢。蝾螈就属于有尾目家族，它们的“小蝌蚪”在发育时会先长出前肢，再长出后肢，约3～4个月发育成成体形态。还有大名鼎鼎的娃娃鱼，它是最大的两栖动物，也属于有尾目。

两栖动物中我们最熟悉的就是无尾目家族了，总体来看，无尾目看上去比其他两大家族更加先进，它们可以依靠发育完全的四肢离开水环境，靠肺部和皮肤进行呼吸。之所以叫作无尾目，是相对于有尾目而言，它们在变态发育的过程中，尾部退化消失，虽然可以适应陆地生活，但是还不能完全脱离对水的依赖。在繁殖期它们会回到水中产卵，卵也要在水中度过幼年时期，完成发育。例如无尾目的蛙，它们的小蝌蚪会先长出后腿，然后是前腿，最后尾巴消失，变成和爸爸妈妈一样的成蛙，这种幼体和成体形态差异较大的现象我们称之为变态发育。

青蛙的发育过程

草莓箭毒蛙

箭毒蛙堪称是最美丽的青蛙，也可以算得上是两栖纲的颜值担当。它们身上常布满靓丽的颜色，是小个头并且漂亮的家伙。同时它们也是最具毒性的一类青蛙，生活在热带雨林中。因为它们体内含毒，这种毒被用来制作毒箭，所以它们被叫作箭毒蛙。但实际上，这种身有剧毒的动物只是为了保护自己，它们吃一些蜘蛛，将其中的毒素转化为自己的毒素。早期的印第安人了解箭毒蛙的毒性，他们会小心翼翼地用树叶裹住手掌来抓箭毒蛙，然后将它的毒素涂抹在箭头上或者标枪头上面，来猎捕一些大型的野兽，被涂抹过毒的箭所伤的动物通常会很快毙命。

箭毒蛙之所以名声在外，不仅仅因为它强大的毒性，还因为它有趣而感人的繁殖行为。在神秘的热带雨林中，一些植物的叶子上面会形成积水，这是箭毒蛙非常喜欢的地方。它们在积水的地方交配、产卵，随后，卵会发育成小蝌蚪。这时候，蛙妈妈会背着小蝌蚪寻找不同的积水，这是为了让它们隔离开来，避免同一汪水塘里面的互相残杀。而且，为了让自己的孩子填饱肚子，蛙妈妈还会产下未受精的卵，来喂饱它们，直到这些小蝌蚪们发育成熟，独自生活。

生活在哥斯达黎加的草莓箭毒蛙被认为是最美的青蛙。令人惊奇的是，这个物种竟然有近30种颜色的不同变种，这些醒目多变的颜色成为它们含有剧毒的象征，常令天敌望而却步，也吸引了全球各地人们的目光，令人感叹自然界的神奇。

癞蛤蟆与小青蛙

我们所说的癞蛤蟆学名叫作蟾蜍，癞蛤蟆是它的俗称。蟾蜍和青蛙都属于两栖动物纲、无尾目，分别属于蟾蜍科、蛙科。蛤蟆就没有青蛙王子听起来那么可爱了，那么要怎样区别癞蛤蟆和小青蛙呢?

首先，从颜值上讲，蛙科的动物要比蟾蜍高得多，我们的青蛙王子通常具有灵巧的身形和光滑的皮肤，而蟾蜍常会显得臃肿且身上长有许多凸起的疙瘩，所以也被叫作癞蛤蟆。

再来比一比腿，青蛙通常长有修长的腿，还有强壮结实的腿部肌肉，善于跳跃，可谓是名副其实的“长腿欧巴”。然而，当你仔细观察蛤蟆，就会发现它并没有青蛙那样的长腿，也不能远距离弹跳，行动会比较缓慢、迟钝，看起来也比较笨拙。

在蝌蚪时期，蟾蜍和青蛙就有差别了。蟾蜍的繁殖期较青蛙早，因此，出现在4月的小蝌蚪通常是蟾蜍的幼体，而5月中旬及以后的小蝌蚪，往往是青蛙的幼体。通过蝌蚪出现的时间就可以推断哪些是蟾蜍，哪些是青蛙。而且蟾蜍的蝌蚪群密密麻麻，相比之下青蛙的孩子们会比较分散。蟾蜍的蝌蚪身体为椭圆形，尾巴较短，嘴长在头部下方；青蛙的蝌蚪身体呈圆形，尾巴长，它们的嘴巴长在身体最前方。掌握了这些分辨的知识，就可以和小伙伴一起去水塘边大显身手了。

娃 娃 鱼

两栖动物中也有幼体与成体差别不大的，例如有尾目家族，因为它们在成年后尾巴不消失，包括蝾螈、小鲵、大鲵。

大鲵是两栖类中个头最大的一类了，在水流比较急的溪流、湖泊之中会有它们的身影。通常它们会钻进一个属于自己的洞穴，安静地隐藏起来。它们身上具有不规则的斑纹，会根据环境改变身体颜色来隐藏自己。

它们前肢有四指，后肢有五趾，形态很像我们的手，但你若仔细观察则会发现它们的指间有蹼。如果忽略它们的四肢，看起来更像一条鱼。大鲵会发出像婴儿啼哭般的叫声，所以叫作娃娃鱼。

大鲵不仅个头大，也是现存最珍贵的两栖动物。它们非常古老，从它的体形和身体特征中就能够发现它的原始性。它们在水中用鳃呼吸，上岸用肺和皮肤呼吸。在氧气含量较高的水中，它们可以待很长时间，时而也会将头部探出水面呼吸。早在恐龙称霸地球的时代，它们就存活在水陆之间，历经了3亿年的地球演变，这些顽强的生命经受了一次又一次的洗礼，生存至今，因此，它们也被叫作活化石。

然而，由于环境污染、栖息地破坏和过度捕捉，大鲵的数量在近50年中下降了80%。根据世界自然保护联盟濒危物种红色名录，它已经到了极危级别。为保护自然界的宝贵生物，世界自然保护联盟根据动物的生存情况对其现状进行评估，有绝灭、野外灭绝、极危、濒危、易危、近危、低危、数据缺乏、未评估等9个级别。我们熟悉的东北虎属于濒危级别，而大鲵属于极危级别，比东北虎更少，可见其珍贵程度。我国为保护这一活化石专门建立湖南张家界大鲵国家级自然保护区，为大鲵开设了一片没有人类打扰的生活区。

大 灭 绝

两栖动物是从水生到陆生的一个过渡类群，一些特点让它们格外脆弱，很容易受到环境的影响，比如幼时的它们依赖水环境，需要较好的水质，成年后的它们用肺和皮肤呼吸，当辅助呼吸的皮肤受到影响，它们将面临死亡。

全球畅销书《大灭绝时代》写到，巴拿马金蛙几近灭绝，是因为蛙壶菌引起的壶菌病的流行。各地30%的两栖动物受到这种病菌的影响大量死亡。而各大洲的青蛙几乎在同一时期死于同一种真菌，究其原因，很可能这种真菌是由人类携带并因旅行传播的。两栖类的科研保护人员发现这种病菌不耐高温，所以他们用37摄氏度的水给金蛙清洗住所，来保护它们免于病菌的威胁。

在这个物种数量快速减少的时代，保护物种、保护生态环境极为重要。两栖动物完成了脊椎动物从水生到陆生的蜕变，是整个生命演化的重要阶段。可以说如果没有两栖动物登陆的过渡阶段，便没有中生代繁盛的爬行类恐龙，也没有现在繁盛的哺乳动物。然而，目前两栖动物的生存状况岌岌可危，它们经受着现代工业带来的空气与水质的双重污染，经受着栖息地的不断缩减，还经受着人们无意中所携带病菌的伤害……它们在生命演化史上意义非凡，是亟待重视与保护的重要类群，应该得到人类更好的对待。

这就是丰富多彩的两栖王国，包括蚓螈目、有尾目、无尾目三大家族。神奇的两栖动物在水中默默地完成从蝌蚪到成体的变态发育，却轰轰烈烈地进行着由水生到陆生的演变。而今，这些我们接触不多的两栖动物面临生存的危机，需要我们采取行动来让它们转危为安。最直接的方法是，我们停止捕捞，为池塘那些即将成为青蛙或蟾蜍的小蝌蚪们站岗放哨，因为它们属于那个生命演化史上非常重要的两栖王国。

第八章

“怪兽”出没
——爬行动物

前一篇所讲述的两栖动物是从水生到陆生的过渡生物，而从爬行动物开始，脊椎动物彻底地征服了陆地。它们不需要在水中繁殖，也不需要在水中度过幼年时期，而是直接适应了陆地生活。它们的皮肤干燥，体表覆有鳞片。有些平日待在水中，但繁殖期会到陆地上产卵。它们的卵具有一个硬壳，胚胎在其中发育，卵中的羊水可以给胚胎提供水环境，也可以起到减振作用，为里面的小生命保驾护航。

作为爬行动物，虽然能够征服陆地，但它们身上的一些特征依然是非常原始的，例如随环境温度变化而变化的体温。后来演化出的哺乳动物和鸟类已经有了恒定的体温，不论是寒冬还是酷暑，它们都能保持稳定的温度，这有利于体内环境的稳定。但爬行类不同，在严寒时节，它们的体温会下降，需要通过晒太阳取暖，或是干脆降低身体的代谢率，进入冬眠。而在炎热的季节，它们的体温迅速上升，这时它们会寻找荫蔽处享受清凉。还有一些特征可以让我们区分爬行类与哺乳动物，比如爬行动物没有耳朵的轮廓，所有牙齿呈同一种形态，掉了的牙齿也会再生长出来，而哺乳动物的牙齿已经有了门齿、犬齿、臼齿的分化。

爬行类家族非常庞大，爬行纲往下又分为喙头目、蚓蜥目、龟鳖目、蜥蜴目、鳄目、蛇目，我们熟悉的龟鳖、蜥蜴、鳄鱼、蛇都属于爬行动物家族。

有 怪 兽

爬行动物家族中，最神秘也最让人闻之色变的恐怕就是巨蜥了，而其中最著名的要数科莫多巨蜥。它是目前地球上已知体形最大的蜥蜴，身长可达3米，体重最大有108公斤。因为体形庞大、长相恐怖、行为凶狠，也被叫作科莫多龙。

科摩多巨蜥

它们身上有一层厚厚的硬皮，仿佛一辆装甲坦克，看上去无懈可击。它们的牙齿锋利，像锯齿一般，通常会向后弯曲生长。它们嗅觉灵敏，对于血液的气味更加敏锐。此外，先端分叉的舌头能够觉察空气中的气味，甚至是一公里范围内食物的气味。但作为食肉动物，科莫多龙下颌的力量并不强大，也就是说它不能像狮子、鬣狗那样狠狠地咬断猎物，而是靠撕扯。它锯齿般的牙齿是向内弯曲的，可以在咬的同时勾住食物，进而用有力的前爪推开猎物，然后向一旁甩头，让牙齿扯下足够的食物。此外，尾巴也是科莫多龙的武器，它们尾部的力量非常强大，必要的时候可以用尾巴横扫、击打猎物。

它们喜欢居住在岩石或者树木形成的洞穴中，通常会在太阳升起后爬到岩石上安静地晒太阳，这是因为爬行动物不能像我们一样保持恒定的体温。我们的体温不论环境的变化，总是保持在36～37摄氏度，非常稳定。而爬行动物是变温动物，体温会随着环境温度的改变而改变，所以它们会让阳光照射到身体上，慢慢让较低的体温回升上来，同时，它们也不能停留在温度过高的环境中。因为科莫多巨蜥生活的科莫多岛在赤道附近，气候炎热，所以在中午时分，它们通常又会躲避烈日骄阳，找地方乘凉。

人们对于科莫多巨蜥的记载最早在1910年，见过它的人并不多，但人们口口相传，用“陆地的鳄鱼”来描述这种生活在科莫多岛上不为人知的奇怪生命。科莫多巨蜥由于体形庞大、长相凶猛，还通常挂着口水，所以被人们称为怪兽。后来，美国人到科莫多岛探险，为博物馆搜集展示物种。他们看准了科莫多龙，在岛上抓了两只活体并带回美国展示，这些巨大的蜥蜴在当时造成了巨大的轰动。

后来电影《金刚》就采用了金刚和以科莫多巨蜥为原型的“骷髅巨蜥”大战的场景，让这个神秘而恐怖的形象更加深入人心。但是它的凶猛并没有让人们停止探索的脚步，目前，人们对于科莫多巨蜥的研究越来越深入，掌握的资料也越来越充分。

史前巨蜥

科莫多巨蜥可能是一种非常古老的生物，它们被认为是澳大利亚古老的巨蜥的后代。研究中发现的蜥蜴化石也为此提供了证据：人们在澳洲发现了380万年前的蜥蜴化石，和今天的科莫多巨蜥非常类似，但个头较今天的科莫多巨蜥要小。研究人员推断，400万年前，科莫多巨蜥可能就与史前大型动物一起生活在澳洲，这里是它们的发源地。

后来，随着陆地气候变得干旱，森林也不断萎缩，澳洲的科莫多巨蜥数量不断减少，一些科莫多巨蜥也在探索新的空间。大约在90万年前，这些古老的巨蜥向澳大利亚西部转移。随后，由于海平面大幅降低，澳洲与印度尼西亚之间露出了一条相连的大陆桥，科莫多巨蜥可能就是通过这条大陆桥来到印尼。后来由于海平面上升，它们生存的地方成为孤岛。在这片新开辟的生存区域，没有竞争者与科莫多巨蜥争夺食物和生态地位，这也是它们体形变大的原因。它们舒适地在岛上晒太阳、挖洞穴、找食物。然而，由于它们独自行动的习惯，初到岛上的科莫多巨蜥可能要单独过完一生，为了能够在岛上延续自己的家族，科莫多巨蜥会进行孤雌生殖。

凶猛的腐食者

科莫多巨蜥通常是独自活动。它们虽然大多数时候行动缓慢，但在奔跑时可以达到每小时20公里，这相当于世界顶级马拉松运动员的时速，同时它们还有挖洞、爬树、潜水的技能。使用强大的爪子，它们能够为自己挖掘一个栖居的洞穴，在夜间休息，同时维持自己的体温，爪子还能帮助它们在幼年期爬树。实际上，科莫多岛上没有其他的肉食动物，它们没有天敌，是岛上最顶级的捕食者。但是，幼时的科莫多巨蜥身材小，会成为凶猛的成年蜥的食物，所以它们在几个月大时会爬树来躲避攻击。

科莫多巨蜥是十分凶猛的捕猎高手，对于岛上的野猪和鹿而言，它就像是一场噩梦。科莫多巨蜥不轻易和猎物搏斗，面对水牛等大型动物时，它们并不急于一次将猎物杀死，而是上前啃咬，造成猎物受伤，而后跟随猎物伺机再次撕咬。人们认为伤者是因感染科莫多巨蜥口腔中的细菌而死，其实不然。研究人员发现，科莫多巨蜥的头部生长有毒腺，是它产生了毒液。通过实验，研究者发现其中的毒素可以阻止血液凝固，因此伤口会一直流淌血液，直到猎物失血而死。同时，血液与腐烂的味道会让科莫多巨蜥兴奋起来，甚至在短暂的时间内引来多个同类。它们包围猎物，却并不会分工合作，仅仅是各取所需。科莫多巨蜥的咽喉处有一块骨骼，可以帮助它们撑大喉咙，从而吞下更大的食物，它们可以一次吃掉达身体重量80%的猎物。

孤雌生殖

到了繁殖期，雄性的巨蜥会相互打斗，场面十分激烈。它们相互撕咬，用爪子击打对方，其中的一方受伤逃跑才决出胜负，最终获胜的雄性可以获得与雌性繁殖的权利。大概到9月，雌性开始产卵，一窝20个左右，产在地底或树穴中。但爬行动物因为没有足够的体温，不会选择像鸟类一样孵蛋，而是在蛋的表面埋上沙土，让它们在阳光照射下而孵化。大约在次年的4月，昆虫比较丰富的时节，小科莫多巨蜥从地下的巢穴中破壳而出，爬上地面。它们仿佛知道地上的危险，会轻巧地爬上树，躲避成年科莫多巨蜥的魔爪。

除了正常的生殖方式，科莫多巨蜥还因它们孤雌生殖的方式闻名。面临雄性个体很少的情况，雌性可以自行繁殖后代。开始人们并不了解它们的这一行为，通过观察在动物园中饲养的科莫多巨蜥才发现这一现象。未经过交配的雌性科莫多巨蜥产下一窝卵，并有个体成活下来，这让人们十分震惊。人们开始研究这一现象，并推测在野外的科莫多巨蜥也会感知到没有交配机会，为了延续种族，它们开始自行产卵。在动物园中完成单性生殖的雌性科莫多巨蜥也令世人再一次对这个物种表示赞叹。

孤雌生殖是指雌性在没有雄性的情况下，通过复制自身的DNA繁殖后代的过程。虽然孤雌生殖的卵没有经过受精，但也能发育为正常的新个体。有趣的是，雌性科莫多巨蜥孤雌生殖所产生的个体都是雄性！科学家们也研究了其中缘由。原来，爬行动物的性染色体与我们不同，它们不是XY染色体，而是WZ染色体，雄性巨蜥体内的性染色体为ZZ，而雌性的性染色体为ZW。当雌性科莫多巨蜥进行孤雌生殖时，意味着所有染色体都是来自雌性，性染色体在复制时也只能得到WW或者ZZ，当W复制为WW时则不能发育，而Z复制为ZZ时即可发育，个体成为雄性。所以巨蜥孤雌生殖所产生的后代都是雄性。

势单力薄的怪兽家族

虽然科莫多巨蜥具有庞大的身躯、倒刺样的牙齿，还有阻止猎物血液凝固的毒素，但你或许难以置信，它们的生存仍然面临威胁。这些史前怪兽来到科莫多岛，顽强地经历了冰川期、地震、海啸，一直存活至今，但时光荏苒，现存科莫多巨蜥的数量已经非常稀少。那么是什么让这些怪兽群体衰落下去的呢？

曾经，人们觊觎它们厚重的皮而猎杀它们，或者捕捉它们进行展览，博人眼球，来赚取钱财，所以科莫多巨蜥这一霸气的猛兽受到了威胁。而今，由于人类的活动，科莫多巨蜥的栖息环境在恶化，比如人类猎杀岛上的鹿，使科莫多巨蜥的食物减少，还有人口增多、农田扩大导致的森林面积减少。另外，海平面上升，岛屿面积缩小，同样减少了科莫多巨蜥的栖息地。在多种因素的影响下，野外生存的科莫多巨蜥数量下降到3000只，而这些分布在不同孤岛上的科莫多巨蜥之间难以产生基因交流，基因多样性受到限制对它们的发展也非常不利。

目前，科莫多巨蜥在世界自然保护联盟濒危物种红色名录中为易危级别。印度尼西亚在科莫多岛上建立了国家公园专门保护这种古老、庞大而神秘的生命，科莫多国家公园也被列入世界遗产名录。每年都有一些动物爱好者们专程来到科莫多国家公园一睹科莫多巨蜥的真容，这些旅游观光带来的收益也被运用在科莫多巨蜥的保护上面。

这是一个令世界震惊、令世人咋舌的物种。它在特定的地域环境中生活，它的历史跨越了上百万年，它的轨迹出现在澳洲、亚洲两个大洲，它是现存最大的蜥蜴，它有着分叉的舌头、倒钩的牙齿、阻止血液凝固的毒液、强壮的尾巴、健硕的前肢……它们经历过地球历史的变迁而存活下来，它们还能通过孤雌生殖繁育后代，从被叫作“陆地鳄鱼”开始，它们一次次给人们带来震憾。人们逐渐认识它、了解它，不再将它当作怪兽，反而开始为它们的生存担忧。祈盼通过这些努力，科莫多国家公园内的巨蜥能够长久地生存在那一片乐土，悠闲地在树荫下乘凉，在阳光下散步。

第九章

我要飞得更高
——鸟类

我们身边有这样一群生物，它们长着多彩的羽毛，有飞翔的能力，拍拍翅膀就可以飞上蓝天。城市、农田、湿地，它们美丽的身影几乎无处不在，却又不尽相同。在这一章中，我们就一起来了解鸟类的世界。

鸟儿为什么可以飞?

有时候，我们很羡慕鸟儿可以自由自在地在天空中飞翔，那你有没有想过，它们是怎么做到的呢?

首先，当然要有翅膀。鸟类的翅膀为前肢特化而成，上面覆满了羽毛，可以为它们飞翔提供动力。要想真正地扇动翅膀腾空而上，带动翅膀的肌肉要足够有力才行，而完成这样的动作所要用到的肌肉主要就是胸肌。当我们将手臂打开从两侧向胸前收，这时就会用到我们的胸大肌。鸟类与飞行相关的胸肌非常发达，为了方便在飞行过程中的牵引，肌肉附着的面积也较大，它所附着的结构就叫作龙骨突，是胸部凸出来的软骨。如果你仔细观察，鸡胸骨架中部有脆骨，这骨就是龙骨突。它的形状像船底的支撑结构——龙骨，因此叫作龙骨突，鸟类结实的胸肌就附着在这里。有胸肌和翅膀就可以振翅而飞了？当然没那么简单，还需要其他的配套设施。

除了强有力的胸肌，鸟类还有非常轻盈的身躯，所谓的身轻如燕，就是拿燕子来做比喻。鸟类的骨骼是中空的，这就在很大程度上减轻了身体重量，适合进行飞翔。鸟类的末端尾骨愈合在一起，成为一段尾综骨，也是为了减少累赘。此外，鸟类没有牙齿，同样可以减轻体重。

鸟类全身覆盖的羽毛也不一般，如果你观察鸟类的羽毛就会发现，它们身体各部分的羽毛并不相同。紧贴身躯的羽毛短短小小，很柔软、很轻，称为绒羽，能够帮助它们防寒保暖，而覆盖在鸟类体表的大型羽毛称为正羽，其中生长于翅膀和尾部的分别称为飞羽和尾羽。正羽帮助鸟类飞翔、保温。

给鸟分门别类

自然界的鸟类体形有很大差异，根据它们的形态、习性，可以将鸟分门别类。鸟纲分为平胸总目、企鹅总目和突胸总目。平胸总目包括鸵鸟、鸸鹋等，它们没有龙骨突和强壮的胸肌，不能够飞翔，只能快速地奔跑，但它们可以张开翅膀来保持平衡。企鹅总目的代表是企鹅，是一类善游泳和潜水而不能飞的鸟。大多数鸟类都属于突胸总目，它是指两翼发达能飞的鸟，我们将这一类的鸟分成了六大类群，分别是：猛禽、涉禽、游禽、陆禽、鸣禽、攀禽。

猛禽通常会有锋利的爪子、钩形的嘴和敏锐的视觉，用于抓捕猎物。我们熟悉的鹰、猫头鹰、隼等都是猛禽。

它们喜欢在天空飞翔，来寻觅它们的猎物。

涉禽可能是所有鸟类中最优雅的一类了，它们有着高挑的身材、修长的腿和颈，还有小巧的面颊和细长的嘴巴，非常容易辨认。比较常见的有白鹭，有在中国传统文化中代表吉祥如意的丹顶鹤，以及鹬蚌相争故事中的鹬。它们都是涉禽，喜欢生活在水边，以一些鱼类为食。

游禽大家就都不陌生了，它们有扁阔的嘴，体形很像阿拉伯数字“2”，并且趾间长有脚蹼，善于游泳，我们熟悉的天鹅、鸭、雁都属于游禽的行列。其实，我们现在饲养的家鸭在很久以前是由绿头鸭驯化而来的，家鹅是由鸿雁驯化而来的。

人们对于陆禽就更熟悉了，最典型的陆禽就是我们现在的家鸡，它是由原鸡驯化而来的。原鸡善于在陆地上行走，刨出虫子来吃。但千万不要认为陆禽不会飞，它们会

红腹锦鸡

在夜晚飞到树上睡觉。在陆禽中有一些非常漂亮的物种，比如在我国分布的红腹锦鸡、黄腹角雉、蓝鹇、蓝马鸡、山鹑等。

鸣禽是最常见的一类，麻雀、喜鹊都属于鸣禽。这类鸟发声器官复杂并且发达，鸣叫声婉转、悦耳，萦绕在林中，常见的比如柳莺、山雀、喜鹊、乌鸦、八哥等。八哥不仅有自己专属的叫声，还会模仿其他鸟类的叫声。

攀禽，顾名思义，就是善于攀爬的鸟类。它们的脚趾构造和其他鸟类的不一样，大多数鸟类的脚趾是三个向前、一个向后，而攀禽是两趾向前、两趾向后，这样的脚趾结构更便于抓住树木进行攀爬，比如“森林医生”——啄木鸟、借巢产卵的杜鹃。

作为鸟类，你竟然不会飞？

虽然都是鸟类家族，但是某些种类因为体形硕大，没有强壮的胸肌带动身体飞翔而只能常年在地面上生活，比如鸵鸟。

鸵鸟是现存最大的鸟类，第二名是生活在澳洲的鸸鹋，第三名是鹤鸵，它们都是生活在陆地的鸟类，体形庞大，有着修长有力的双腿，能迅速地奔跑。

根据鸵鸟羽毛的颜色，我们可以区分雌雄，雄性鸵鸟身体上的羽毛为黑色，雌性的为灰褐色。由于没有飞行能力，它们会直接在地面筑巢产蛋。鸵鸟蛋也是最大的鸟蛋，一个约有1.5千克重，大约是20～30个我们平常吃的鸡蛋的总重。虽然鸵鸟不会飞，但可不要小看鸵鸟，它们的奔跑速度非常快，跑起来时一步可以迈出7～8米远，并且会张开翅膀在奔跑中保持平衡。

还有一类不会飞的鸟——企鹅。它们的前肢并不像鸟类的翅膀，而是特化为鳍状，身上的羽毛可以保温，后肢具有脚蹼，能够帮助它们游泳。虽然它们走路时摇摆不定的样子很滑稽，但游起泳来可一点不含糊，还会凭借高超的游泳能力在水中捕食小鱼小虾。帝企鹅还因其可爱的形象及其在极地鲜为人知的生活成为电影《帝企鹅日记》《快乐的大脚》的主角，广受人们的喜爱。

候鸟的迁徙

寒暑交替，季节变化，有些鸟类会在寒冷的时节飞到温暖和食物丰富的地方越冬，直到第二年春季再返回到自己的繁殖地筑巢产卵，这些随季节变化有规律地在繁殖地与越冬地之间迁徙的鸟类我们称之为候鸟，而没有这种行为的鸟类我们称之为留鸟。

为什么一些鸟类会迁徙，另一些却不呢？

这也是不同鸟类的选择。当冬季到来，气温下降、食物越来越少，候鸟会寻找更温暖更适宜生存的地方过冬，但是迁徙的过程也会消耗很多体能，而留鸟则会在繁殖地短暂地忍受恶劣的环境，等待温暖的春季来临，像城市常见的喜鹊、麻雀、乌鸦都是留鸟。

鸟类的迁徙路途遥远，耗时很长，消耗的能量也大，所以鸟类可不是一口气从繁殖地飞到越冬地的，它们会在沿途的河湖处停留、休息，储备体能。到了迁徙季节，湿地是很多鸟类停留休憩的场所。然而一些人却抓住这一时机捕捉这些美丽的鸟类。他们在水中下毒、下夹子，还给水中的小鱼下毒，导致这些不远万里为求生存而迁徙的鸟类惨死途中。

为保护这些优雅的生灵，我国将一些迁徙的涉禽、游禽列为国家级保护动物，它们受《中华人民共和国野生动物保护法》保护。同时，我国也建立了许多湿地类型的自然保护区，让迁徙的鸟儿们短暂停留的落脚处更加安全。我国的洞庭湖、鄱阳湖湿地每年都会吸引大量的迁徙鸟类，这也吸引了世界各地爱鸟人的目光。湖边成群的灰鹤在水边停留，夕阳的余晖在它们漂亮的羽毛上镀了一层橙红色，仿佛这些鸟儿本身也沉醉在这美丽的晚霞之中。

鸟巢与鸟蛋

多数鸟类到了繁殖季节就会筑巢，一些雄性鸟类会努力地准备，搭建一个漂亮的鸟巢来吸引雌性，如果雌性对它搭造的巢感到满意就会随它进入鸟巢，繁育后代。

有趣的是，我们见到体羽颜色比较靓丽的鸟往往是雄性，而雌性的羽毛颜色比较暗淡，甚至与地面的颜色很像，这是它们自我保护的策略。因为雌性身负产卵、孵卵、育雏的重任，如果颜色过于醒目，很容易被天敌发现，导致自己与后代死亡。所以，在鸟类的世界中，雄性的鸟羽更鲜艳一些。

鸟类筑巢也是很讲究的，不同的鸟类会选择不同的巢穴，比如我们熟悉的家燕，会筑一个泥巢；啄木鸟会发出咚咚的打洞声，在树干里筑一个洞巢；而大多数的鸣禽，或说雀形目的鸟类会用树枝、稻草筑成编织巢。有趣的是，不同的鸟类编织的巢的形状也不同，有些鸟的巢编出来像一个碗，有些像瓶子，而鸟类中的建筑大师——织布鸟，它们会编织高端的复式别墅，有很多个出入口。

雌鸟、雄鸟成双成对地出入爱巢后不久，雌鸟会在巢穴中产下几枚蛋，然后小心翼翼地趴在蛋上。在孵卵期间，一些鸟类腹部的羽毛会脱落，形成一个孵卵斑，通过孵卵斑让自己的体温慢慢温暖即将出世的孩子们。

经过几十天，小鸟儿就破壳而出了。幼鸟有早成、晚成之分，早成鸟出生后就可以跟着亲鸟四处找食物吃。而晚成鸟的父母要四处捕食，然后叼着食物飞回巢中，喂给羽翼未丰、闭着眼睛喳喳叫的小鸟，将它们慢慢养大。

但并不是所有雌鸟都是尽职尽责的妈妈，狡猾的杜鹃会把自己的蛋产在别的鸟的巢中，糊涂的鸟妈妈会将其当作自己的蛋孵化。杜鹃蛋的孵化时间通常比窝里的其他蛋要早，杜鹃破壳而出后，会将其他的蛋挤出巢穴。代理妈妈在小杜鹃破壳后会全心全意地喂养它，并不会发现这个孩子和自己长得不像，甚至可能还要比自己大上许多……

劝君莫打枝头鸟

即使在倡导热爱自然、保护自然的今天，仍然能够发现人们打鸟、捕鸟、买卖野生鸟类的现象。此外，近年来由于人们热衷于拍鸟，也有一些不文明的拍摄行为对野生鸟类造成了干扰。比如一些人为了拍摄鸟类起飞的瞬间，开车追逐鸟儿，刚落地的鸟儿看到追来的车子，无奈又继续起飞。这对于鸟类的体力消耗相当大，会使鸟儿因疲劳而累死。动物捕食本身就会消耗一定体力，当捕食所消耗的大于食物所提供的能量，那么对于鸟类来说会入不敷出，躲避人类无疑增加了体能消耗，对它们有很大的伤害。所以在野外远远地观察鸟类比较合适，只要它们不发现你，或者觉得你没有造成威胁，是不会受到惊吓而飞走的。

热爱自然的表达方式就是让自然保留原本的样子，不去破坏它、不改变它、不影响它，同时，可以向更多人传递爱鸟的意识和护鸟的方式。对于这些可爱的鸟类，我们可以去观赏、去感受它们，不去打鸟、捕鸟，不去触碰鸟巢，有诗句如是说："劝君莫打枝头鸟，子在巢中望母归。"

我们总是能在身边看到这些长着翅膀的可爱生灵，它们机敏地扭动着自己小巧的脑袋，瞪着乌黑发亮的眸子，或捉着昆虫，或衔着树枝，它们乘着风，冒着雨，自在地于天空中翱翔。无论是不远万里的迁徙，还是千百次的往返筑巢，在它们的身上，我们能欣赏到自然的魅力，也感受到生命历程的神奇和伟大。或许这些可爱的小家伙们芳踪难觅，但我们可以在宁静的清晨走进森林，倾听它们婉转的鸣声，或是在迁徙的季节来到湿地，远远驻足，用望远镜欣赏它们优雅的舞姿。如果你是一个自然的爱好者，可以将看到的鸟类都记录下来，久而久之，你会发现自己熟悉的鸟儿种类越来越多，相比购买来的笼养鸟，这些是更加珍贵与甜蜜的记忆。

第十章

东方宝石

——朱鹮

朱鹮是一种依赖农田而生活的鸟类，由于种种原因，它们曾一度走到灭绝的边缘。人们苦苦地寻觅，终于找到了这个命悬一线的濒危物种，并给予了最大程度的救助。从最早的7只到今天的上千只，朱鹮又重新回归到人们的视野，这期间，朱鹮遭遇了怎样的命运，又与人们发生了哪些故事呢?

朱　鹮

朱鹮是一种优雅的涉禽，在分类中属于鹳形目、鹮科。除了朱鹮，嘴巴像琵琶的琵鹭也属于鹮科，鹮科的朱鹮和黑脸琵鹭都是我国著名的珍稀濒危鸟类，也是国家重点保护鸟类。因为朱鹮的珍稀和优美，它们被誉为“东方宝石”，有时又被人叫作“日本的日本”。那么，为什么要将朱鹮称作“日本的日本”呢?为了方便全世界对动物进行统一的分类研究，动物学家会用拉丁文双名法给动物命名，双名法采用属名加种名的方式，并统一用拉丁文。朱鹮的拉丁名为*Nipponia nippon*，*Nippon*这一词的发音是日语中“日本”的发音，所以它的名字给人的印象似乎是“日本的日本”。不仅名字和日本相关，恰巧朱鹮身上的红白两色与日本国旗的颜色相同。

朱鹮常出现在水田、沼泽、溪流附近，用红色的长脚站在水中，捕食水中的小鱼和螃蟹，还有稻田里的蛙、螺等，偶尔它们也会吃一些昆虫。朱鹮的嘴并不是笔直的，而是向下弯曲，嘴的先端也呈红色。除了红色的嘴和脚，它的身上布满了洁白的羽毛，头后面还披有像柳叶一样的羽冠，而脸上的皮肤裸露，也呈现一抹艳丽的朱红色，好像染上了浓厚的油彩。

朱鹮

对于朱鹮来说，栖息地和取食地是分开的，虽然它们会在田间、湖边觅食，但它们喜欢在高大的树木顶端休息。

虽然大多数的野生动物会对人类的居住区退避三舍，但朱鹮并不如此，它们往往选择有人类居住的地方栖息，喜爱以农田里的小动物为食，优哉游哉。但随着人们在农田中对作物使用农药，朱鹮的好日子便一去不复返了，农药的毒素侵入了田间的虫、蛙体内，朱鹮很可能因不小心吃了这些有毒的甜点，而中毒身亡，一只，两只……然而，似乎并没有人注意这件事情，直到人们几乎再也看不到朱鹮在田间靓丽的身影。

大器晚成

朱鹮的羽毛并不完全是白色的，当它飞翔时，翅膀下方会漏出粉红色的羽毛，宛如朝霞的色彩。而朱鹮也并非始终保持着白色的羽毛，繁殖期，它们会披上灰色的嫁纱。

每年的3月到5月，是朱鹮的繁殖季节，朱鹮颈部肌肉中会分泌出一种灰色的色素，它们会用嘴啄这些色素，再涂到自己的脖颈上，直到头部、颈背部都变成灰黑色。

繁殖期的朱鹮开始出双入对，它们选择在高大的栗树、白杨树或松树上搭窝。它们开始忙碌起来，衔着枝条、草棍堆砌外围，中间再添上柔软的草叶、苔藓等，搭成一个像盘子一样的巢。一切就绪后，雌朱鹮会产下2～4枚蛋，朱鹮的蛋比鸡蛋略大，呈现蓝灰色，上面还有一些褐色的斑点。细心的朱鹮父母会轮流孵蛋，大概经过一个月的时间，小朱鹮就破壳而出了。

刚刚出生的小朱鹮身上长有灰白色的绒毛，橙红色的小脚，守候在巢里嗷嗷待哺，朱鹮父母会抖动着脖子，将口中半消化的食物吐出来喂给孩子，孩子们也争先恐后地把嘴伸进父母的嘴里进食。可不要小看这些争抢食物的小家伙，它们为了让自己长得强壮一些，会尽可能地多吃东西，有时会把争食的兄弟姐妹挤出巢穴，不过，朱鹮父母在喂食方面还是尽职尽责的，为了喂饱逐渐长大的孩子，朱鹮父母一天要回巢10次左右，不仅要喂食，还要清理巢穴中孩子排泄的粪便，真是可怜天下父母心。终于，经过约一个月的时间，小朱鹮终于在爸爸妈妈的精心照顾下发育长大，羽翼丰满，开始随着父母学习飞翔，离开鸟巢。

在小朱鹮出生后的第三年，它发育为一个成熟的个体，可以自己组建家庭了，它们再选择巢址孵化、育雏，自然界就这样生生不息。

命途多舛

朱鹮的数量曾一度非常多，在日本、中国、韩国等亚洲国家以及俄罗斯的东亚地区都有分布，因此有东方瑰宝的美称。但后来，这些美丽的鸟类在众多的分布区不约而同地越来越少，相继在各个国家失去了踪迹。

是什么原因导致了它们的消失呢？经过人们对朱鹮生存环境和习性的研究，我们得知随着人类生活区域的扩张，适合朱鹮居住的环境越来越少。山谷中一些高大的乔木被砍伐，适合朱鹮夜栖、筑巢的树木减少，同时，越来越多的人将水田改造为旱田，这里也不再适宜朱鹮觅食，就这样，朱鹮的生存空间不断收缩，再加上朱鹮一次只产两三枚卵，卵或幼鸟偶尔还会被蛇等天敌偷食，它们繁殖后代的成功率也低，这更大大地影响了本就处于丧失家园状态的朱鹮的数量。另外前面也说了，到田中进食的朱鹮还可能遭到农药的毒害，这些因素都让朱鹮这种美丽的鸟儿在其原有的分布范围濒临灭绝。

20世纪60年代末期，俄罗斯的朱鹮灭绝。1978年韩国捕捉了最后四只朱鹮进行人工繁殖，但以失败告终，朱鹮在韩国灭绝。1981年，日本也将存活的最后五只朱鹮捕捉饲养，并带到繁育中心，遗憾的是它们也没有繁殖后代，野生朱鹮也在日本销声匿迹……同时，越来越多的中国人开始关注朱鹮的命运，它们曾被认为在中国灭绝，于是中科院专门成立了科考队，按照朱鹮曾经分布的地区，耐心地找寻，这一找就找了将近三年之久，终于，1981年，在我国陕西洋县找到了七只朱鹮。这被认为是当时世界上仅存的野生朱鹮种群，我们也开始对这种美丽而珍贵的鸟类进行保护。

失而复得

1978年，一份关于野生动物的报告称生活在亚洲国家的朱鹮已陷入灭绝境地，而在中国，也有十余年没有发现朱鹮的踪迹，为确定朱鹮在中国的现状，中科院的专项科考队开始寻访这些美丽鸟儿的身影。历时三年，超过五万公里的科考路程，在一切可能的生存环境中调查、寻找，都没有它们的踪影，在近乎绝望之际，终于，科考队在陕西的洋县传来了好消息，朱鹮！这里发现了七只朱鹮！震惊世界的七只朱鹮!

或许是因为这一调查过程太艰辛，结果令人欣喜，发现朱鹮的过程被记录成文，曾经收编在我们的课本里，这就是北师大版四年级下册语文课文《朱鹮飞回来了》。

当时，中科院的科考队员来到洋县的一个小村落，拿出朱鹮的照片询问当地人有没有见过这样羽毛洁白、红色面孔的漂亮鸟类，恰巧学校的一名学生经常在山间行走，见过不少野生动物，他看到朱鹮的照片激动地表示曾经见到过这种鸟类，并且向科考队请愿，带领大家去寻找这神秘而美丽的鸟类。

第二天，科考队员跟随他来到山间，在稻田里躲避起来，等候着朱鹮现身。十分钟过去了，半小时过去了，两个小时过去了，他们仍然在炎热和昆虫的骚扰中苦苦守候着。千辛万苦寻找了三年的朱鹮，真的能在这里发现吗?工夫不负有心人，终于，远处山谷中飞来两道白色的身影……

科考队员们压制着自己激动的心情小心地接近，并在周围仔细搜寻，竟然在这里发现了两对朱鹮，更令人惊喜的是：其中一对朱鹮已经繁育出了三只幼鸟！三年来艰苦卓绝的奔波寻觅仿佛就在等待这一刻，科考队员们可以对世界宣布：朱鹮，没有灭绝！

倍加呵护

曾经险些失去朱鹮的经历让人们对这个物种倍加珍惜与呵护，科研人员们想尽办法，从政策和技术上开始了对朱鹮的保护。

2005年，政府在朱鹮的发现地建立起陕西汉中朱鹮国家级自然保护区，同时，给予在朱鹮分布区生活的农民补贴，要求他们不在水田中使用有毒的化学物质。

动物保护人员也采取各种措施，为脆弱的小朱鹮提供保护。蛇是朱鹮的天敌，它们会沿着树干爬到朱鹮的巢穴，吃它们的卵或幼鸟，于是，保护人员用光滑的塑料材质将朱鹮筑巢树木的树干包裹住，减少蛇捕食它们的机会；此外，巢中的小朱鹮也会相互斗争排挤，一些强壮的个体会把它的同胞弟兄挤出巢穴，为此，工作人员特意在巢下拉起一张细密的网，接住落下来的雏鸟，挽救那些因弱小而被驱逐出来的生命，之后工作人员会试探着放回巢内，如果体质太弱则对它进行人工饲养。

虽然这些措施使得野生朱鹮种群开始增加，但种群增长非常缓慢。随着科研的深入，1989年，第一只朱鹮被人工繁育成功，这成为朱鹮家族繁荣的希望。专家发现人工饲养条件能使更多的雏鸟存活，于是在1990年，启动了朱鹮繁育项目，开始进行人工饲养，但为了保持它们的自然属性，饲养的过程中也尽可能地给它们提供野外的食物，如稻田中的泥鳅、鱼等。

后来，研究人员将人工饲养的朱鹮放到半开放的环境中进行野化训练。专家们进行观察、评估，直到认为它们能够在野外独立生存以后，再把它们放归大自然。至此，野外朱鹮种群达到了600只以上。专家通过无线电遥测的方式随时监测着放归野外的朱鹮的生存状况，直到观测到朱鹮顺利成家，孵化小朱鹮，建立野外种群。这才意味着朱鹮人工繁育、野化放归的成功。

目前，随着保护工作的进展，野外朱鹮的种群数量已达到上千只。朱鹮种群的恢复成为中国野生动物保护的成功案例，也是中国野生鸟类中的明星物种。

中日建交

日本非常珍视朱鹮，然而，这种被誉为“东方宝石”的鸟类也曾经在日本绝迹。当中国发现野生朱鹮的时候，中日两国就开始了关于朱鹮保护的协商，到了1985年，日本向中国借来朱鹮繁育后代，但遗憾的是它们没有产下幼鸟，这一次的“联姻”并没能取得成功。

到了1998年，江泽民主席将一对朱鹮作为国礼赠送给日本，对于如此珍稀濒危的鸟类，作为国礼相赠显得格外珍贵。后来，在2000年，朱镕基总理将雌性朱鹮“美美”借给了日本，这时，双方约定它生下的幼鸟将由中日两国平分，可见朱鹮的稀有程度。

在接下来的七年中，朱鹮“美美”不负众望，在日本共生下了20余名孩子，日本将其中的半数——13只送还给中国，而中方又向日本赠送了一雌一雄两只朱鹮，它们的年龄都是4岁，已达到性成熟，可以繁育后代。

就这样，朱鹮这个美丽、珍稀、濒危的鸟类，在中日交往中担当起了友好使者的身份，而人类，也让这个被称作“东方宝石”的鸟类恢复了原有的活力，重现在亚洲的天空。

现如今，朱鹮的故事仍然被人们津津乐道，这个与农田伴生的美丽鸟类，三十年间，经历几近灭绝、再次发现、人工繁育、重建种群、再现田间的一系列过程，这个过程中的每一步都牵动着人心。三十年的保护征程，使朱鹮从之前的七只增长到上千只，人类没有辜负朱鹮的亲近与依赖，在最后一刻将它们保护起来并繁育壮大。现在，这种美丽优雅的鸟类重新飞在田间，它的身影仿佛在向一代又一代的人们叙述着它那跌宕起伏、震撼人心的故事。

第十一章

“生蛋”快乐
——鸭嘴兽

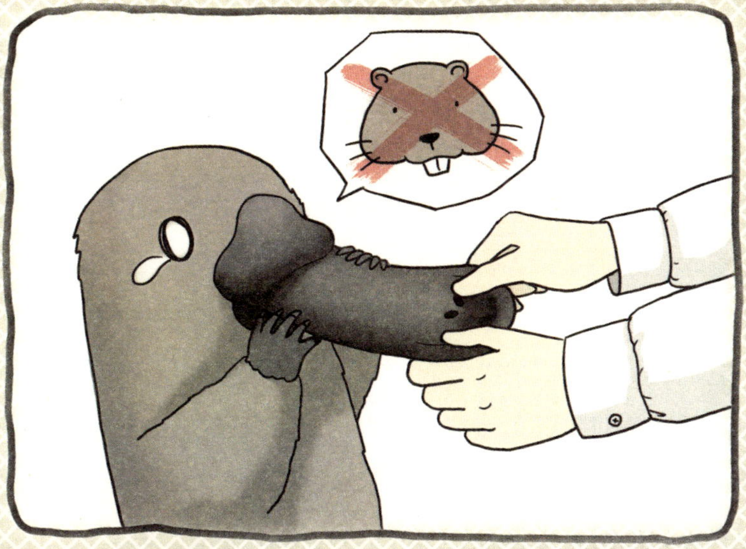

说到哺乳动物的特征，我们总是用胎生、哺乳这样的词语来描述，但并不是所有的哺乳动物都胎生，还有个别的家伙在生蛋，比如鸭嘴兽。那么为什么它们没有跟上哺乳动物时代的潮流，依然在生蛋呢？

长着鸭嘴的海狸？

18世纪末，来自澳大利亚的鸭嘴兽的标本被带回欧洲，科学家们看着这个标本，并不相信有这种长着鸭嘴的哺乳动物，认为这是可笑的造假事件，一定是将鸭子的嘴巴缝在了海狸身上。于是，人们尝试将嘴巴从“海狸”的身上拽下来，却没能成功，也没有发现任何缝合的痕迹，关于这种神奇动物的讨论，也就此搁置。

直到19世纪，赴澳大利亚科考的专家亲眼见到了这种神奇的动物，并开始对鸭嘴兽进行详细的描述和研究。这些科学记录终于让人们相信，这并不是一个为了吸引眼球而拼凑出来的物种，它们就真实地生活在澳洲的河湖之中，它们的名字叫作鸭嘴兽。

然而随着对鸭嘴兽研究的深入，人们发现，在它的身上充满了神奇之处，并不仅仅只是样貌独特那样简单。

鸭嘴兽通常白天休息，晚间活动，除了长着一副“鸭嘴”，它们的脚蹼也像鸭子的一样。它们会用前肢划水游泳，用后肢帮助它们掌握方向，灵巧的身体让它们善于在水中活动。鸭嘴兽也凭借自己一流的游泳技能，在水中捕食。但到了陆地上，鸭嘴兽的运动能力就减弱了许多，它们要靠短短的四肢撑住身体，扭动着向前爬行，样子显得颇为笨拙，却又滑稽可爱。

虽然常在夜间觅食，鸭嘴兽倒也不用担心看不到食物，因为它们的嘴巴上面布满神经，可以感受到其他动物在水中的电波。捉到一些好吃的，鸭嘴兽并不舍得直接吞下，而是先将食物藏在脸部两侧的袋子里，这个结构称为颊囊。一些松鼠可以在口中存很多食物，也是因为有颊囊的缘故。上岸后，鸭嘴兽才会仔细品味捉到的食物，饱餐一顿。虽然鸭嘴兽没有牙齿，但是它们的嘴巴里面有凸起的棱，在吃一些带壳的软体动物时，嘴巴里的棱可以帮助它们弄碎食物，便于消化吸收。实际上，鸭嘴兽是没有胃的，它的食管和肠道直接相连，不过，它们食道的末端和小肠的前端会扩大来储存吃下的食物。

不要小看这些长相温柔、个头不大的小家伙，它们可是有毒的！在雄性鸭嘴兽后脚的后面，隐藏着一根刺，这个刺连接着毒腺。在遇到敌人的时候，它们会用后足刺向敌人，释放毒液，伺机逃跑；在繁殖季节，雄性鸭嘴兽为争夺雌性，在竞争中也会使用自己的武器刺戳对方。雌性鸭嘴兽在成年之前也会有这个刺，而成年之后就消失了。

何去何从

人们虽然认可了鸭嘴兽的存在，但面临的问题接踵而至：鸭嘴兽属于哪一类？它们虽然具备哺乳动物体表被毛的特征，却有着爬行动物或鸟类那样生蛋的行为；鸭嘴兽具有哺乳的行为却没有乳头。关于鸭嘴兽应该划分到哪一类的问题一度让人伤透脑筋，学术界的专家们纷纷表达自己的观点，争论不休。那么这个神奇的生命该何去何从呢？

动物分类学将所有的哺乳动物归入哺乳纲。哺乳纲的动物具有共同的特征，比如身披毛发、体温恒定、胎生、哺乳、牙齿形态分化、具有外耳廓等等。虽然鸭嘴兽具有被毛、哺乳的特点，但它生蛋、没有耳朵的轮廓，成年鸭嘴兽也并不具有牙齿，因此，把它们归为哺乳纲中显得牵强。最终，人们认为鸭嘴兽是一个非常原始的哺乳动物，甚至可能是哺乳动物演化中的一个过渡，所以在哺乳纲中单列出了原兽亚纲，而这一纲下只有一目——单孔目。

单孔又寓意为何？在大多数哺乳动物中，通常一个通道用来排便，另一个通道用来排尿和产仔，这两个通道是分开的；只有灵长类动物和一些啮齿动物会分三个孔道，分别进行排尿、排便、生宝宝。而对于鸭嘴兽来说，它只有一个孔，粪便、尿液和宝宝都从这里出来，这样的特征非常原始，两栖动物、爬行动物和鸟类都是这样的结构。

正因为鸭嘴兽这样的特征，人们单独设立了单孔目，将这种原始的用同一个孔道进行排泄、生殖的动物归在这个行列。

单孔目动物非常好记忆，下分针鼹科和鸭嘴兽科，针鼹科又有针鼹种和原针鼹种，而鸭嘴兽科只有鸭嘴兽种。所以，单孔目现存只有三个物种，这些动物的特征非常原始。

针鼹虽然名字里面有鼹字，但它们并不是鼹鼠，它们也是一类哺乳动物中产蛋的神奇生物。针鼹和鸭嘴兽不同，鸭嘴兽产下蛋后，要用体温孵蛋，而针鼹妈妈腹部的皮肤会形成褶皱，出现一个育儿袋，繁殖时，雌性针鼹会将泄殖孔对准育儿袋，直接将蛋产在其中。针鼹妈妈也没有乳头，育儿袋内部有妈妈分泌乳汁的区域，宝宝在育儿袋里破壳之后会继续在袋子里面度过哺乳期。

于是，原兽亚纲单孔目成为这些卵生哺乳动物的归属。它们所处独特的分类地位，也让哺乳动物的演化线路明晰了起来。

洞穴里的双胞胎

每到8—10月，是澳洲的春季，也是鸭嘴兽繁殖的季节，这时候，雄性和雌性鸭嘴兽之间会有异常有趣的结婚典礼。雄性为了吸引雌性会咬住它的尾巴，如果雌性不接受便会逃走，一旦雌性接受这份求爱，便会任由雄性咬着自己的尾巴，同样地，自己也咬住雄性的尾巴，从而形成一个圆环在水面上游泳。之后雄性会爬上雌性的后背，将自己的尾巴卷到雌性的腹部，完成交尾。

随后，雌性鸭嘴兽会给自己和宝宝建造一个安全的家。它们利用水面和河岸之间的高度，用前肢一直向内挖掘，平行水面向内挖一个深深的洞穴，这样的洞穴非常隐蔽、安全，它们还在通道中制作泥团作为隔挡，这样河水就不会灌进来，也能阻隔其他动物的干扰。此外，它们会用一些干草铺垫在繁殖的区域。

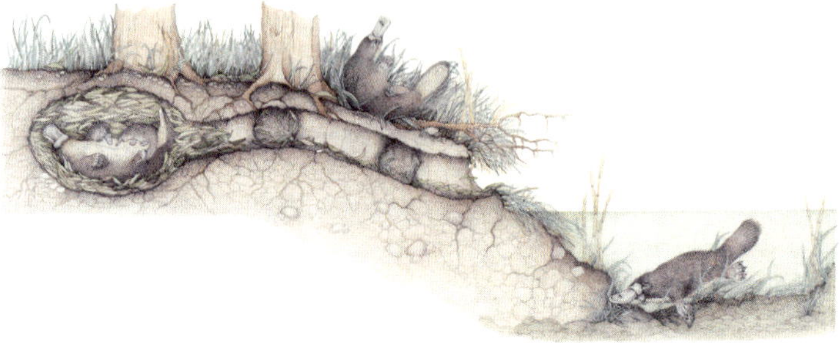

鸭嘴兽

家很快就建成了，辛勤的妈妈会进去产卵，卵的个头很小，通常是一到三枚，两枚蛋的情况居多。随后，鸭嘴兽会像鸟类一样，用体温来孵化蛋。经过大约十天的孵化时间，小鸭嘴兽就破壳而出了。

刚出生的小鸭嘴兽粉嘟嘟的，像个可爱的小肉球，待在妈妈身边，扭动着身躯，向妈妈乞求食物，但没有乳头的鸭嘴兽要怎么给小宝宝喂奶呢？这时的鸭嘴兽妈妈会用背部着地，平躺下来，将自己的两个宝宝放在腹部，它们也会用嘴巴拱妈妈的身体，让乳汁从妈妈腹部两侧的沟槽中流出来，这时候两个粉嘟嘟的小家伙开始舔舐乳汁，吃得酣畅淋漓。

小鸭嘴兽与妈妈相处的时间大约要4个月，随后，它们会自己外出学习捕食。小鸭嘴兽还长有牙齿，到了2岁成年，它的牙齿也会脱落消失。

澳洲的元老

由于地球的板块漂移运动，澳大利亚和其他大陆分离开来，没有更先进的有胎盘哺乳动物迁徙过来，所以一些原始的兽类得以保留下来，这其中就包括许多有袋类还有原始的鸭嘴兽。

鸭嘴兽的化石发现并不多，也让这个古老生物的演化历史显得神秘莫测。在古老的白垩纪晚期，澳洲就生活着一种史前的单孔目动物——硬齿鸭嘴兽，且只在澳大利亚发现有它们的化石，可见这种生物早早地就在大洋洲站稳了脚跟。由于鸭嘴兽的化石发现得很少，人们一度认为这些已灭绝的物种之间具有直线的演化关系。然而就在四年前，在澳洲发现了一块闻名于世的鸭嘴兽牙齿化石，让人们打破了这种观念。这块化石虽然只保留了牙齿，但在古生物的鉴定领域，牙齿就是非常重要的分类依据。

原来，澳大利亚新南威尔士大学的研究人员曾在昆士兰沙漠地区挖掘了一批石灰岩的样本，并收藏了起来。两年后，一名在新南威尔士大学实习的博士生无意间在放样本的盒子中发现了隐藏在内的一块牙齿化石。她注意到这块牙齿化石形状特别，呈W形，且具有粗短的牙根，因此推测是一个古老的鸭嘴兽的牙齿化石，生活在500万到1500万年前。根据牙齿的大小，研究人员推断这个古老的鸭嘴兽可能有1米左右的身长，相对于今天只有约40厘米身长的鸭嘴兽而言，可以算是个庞然大物了。研究人员称，在当时生活的物种中，只有鳄鱼有更大的体形，当时巨大的身材和锋利的牙齿也显示着古老的鸭嘴兽可能具有更强的攻击性，并没有今天这样温顺。

看来，在上百万年前，鸭嘴兽就在澳大利亚落脚了，而且在演化的过程中出现了分支，很可能是平行演化的。鸭嘴兽像爬行动物那样生蛋，像鸟类那样孵蛋，又像哺乳动物那样喂奶。根据它们原始的身体特征可以推断，它们是爬行动物向哺乳动物演化的过渡阶段，在生命演化历程上具有重要意义，鸭嘴兽化石的发现也为我们研究哺乳动物的起源提供了重要的证据。

留住古老的神话

由于非常古老和珍贵，鸭嘴兽受到了人们的珍视。尤其是在澳大利亚，这个与其他大陆相分离、古老而资源丰富的国家，人们非常喜爱这与众不同的神奇生命，而它们成为澳大利亚的代表性动物。

在澳大利亚钱币中，20分硬币上面就是鸭嘴兽潜入水中的形象。在2000年悉尼奥运会上，澳大利亚用三种本土的动物作为吉祥物，其中两种分别是鸭嘴兽和针鼹——原始的卵生哺乳动物，另外一种叫作笑翠鸟，因叫声像大笑而得名。鸭嘴兽、针鼹、笑翠鸟也分别代表了水、土地和天空。

在2015年澳洲的春季，工作人员们调查了城市内生活在河川中的鸭嘴兽，并在16处地方发现了21只鸭嘴兽，甚至在一处叫作蒙布尔克溪的人工改造河流中，发现了一只迄今为止年龄最大的鸭嘴兽，它有21岁高龄，而一般鸭嘴兽的寿命在10～15岁，而且，发现它的工作人员也表示，能够生活在这里，说明它接受并适应了人工改造后的溪流。但若要这些城市中的鸭嘴兽能够健康生活还需要及时清理水中的垃圾，因为鸭嘴兽很可能被垃圾缠住无法觅食，从而受到伤害。

根据世界自然保护联盟2012年对鸭嘴兽生活情况的评

估，将它的保护级别定为无危，意味着它们仍然很好地适应着澳洲的环境，并且将继续安详地生活在这片乐土上。

鸭嘴兽的故事一直为人们津津乐道：它离奇的身世，独特的身体特征，当然还有它萌萌的形象。在课本里，就有一篇名为《使人伤脑筋的鸭嘴兽》的科普文章，专门介绍鸭嘴兽的特征和生活习性。现在在澳大利亚的一些河流中，仍能见到鸭嘴兽的身影，但人们并不会走近去打扰野生动物的生活。或许正因如此，澳大利亚的野生动物大多并不太怕人。有人说，一个国家的文明程度可以用动物与人之间的距离来衡量，那么，澳大利亚无疑是一个人与动物和谐相处的国家，也是那些古老而原始的哺乳动物生存的天堂。

第十二章

袋子里的小生命

——有袋类动物

可爱的袋鼠、树袋熊都是我们熟悉的有袋类动物，它们的宝宝小时候在育儿袋中长大，人们也很喜欢看到它们从妈妈袋子里探出脑袋的温馨场景。有袋类的动物现在大多生活在大洋洲和南美洲，但在白垩纪末期和第三纪早期，它们很可能是广泛存在的，只不过后来演化程度更高的哺乳动物大范围地取代了它们。而澳洲在白垩纪末期与亚洲大陆分开，也正因此保留下了这些古老而珍贵的原始兽类，如今，澳洲也因这些动物而闻名。

育 儿 袋

为什么袋鼠宝宝要待在育儿袋里呢？为什么大多数动物都不具有这样的育儿袋呢？其实，袋鼠、袋熊、树袋熊这些动物都是原始的有袋目动物，它们的宝宝出生后个头很小，而且发育不完全，需要在妈妈的袋子里面继续发育一段时间才能成熟。大多数哺乳动物都是具有胎盘的，妈妈的营养物质可以通过胎盘传递给胎儿，因此它们出生后要比有袋类动物更加成熟，便不再需要育儿袋了，这样的动物也被称为真兽类。而发育不完全的有袋子的动物被称作后兽类，它们刚生出来的宝宝要马上躲进育儿袋中哺乳，才能逐渐发育成形。

不过虽然有袋类动物和大多数哺乳动物相比显得不那么进步，但相对于生蛋的鸭嘴兽来讲它们已经有了很大的飞跃。它们不再用同一个孔同时排便、排尿和生宝宝了，它们的肛门独立出一条通道来排泄，剩余的一条通道进行排尿和产仔。

不喝水的熊

树袋熊的作息规律是很多人可望而不可即的，一天24小时，约有20个小时用来睡觉，剩下的4个小时中，有两个小时用来吃，另外两个小时发呆。这就是树袋熊的一天。除了澳洲的这位国宝，想想我国的国宝大熊猫，好像也是除了吃就是睡的套路……难道这就是国宝的共同特质吗？

其实树袋熊和熊猫一样，爱睡觉也是生存环境的特征和习性所致，是情有可原的。树袋熊会常年生活在桉树上，并且只吃桉树的叶子，桉树叶所含的营养和热量较少，也难怪树袋熊总是没精打采的。而且，桉树叶不容易消化，也正因如此，树袋熊不用担心其他动物和它们争抢食物，同时，树袋熊的肠道内有能够消化桉树叶的细菌群。所以，澳洲的桉树林成为树袋熊的天堂。

树袋熊前肢的五指形态特殊，前两指头与后三指相对，以方便进行攀爬。为了在树上睡得安稳踏实，树袋熊的尾巴退化形成了一个“坐垫”，可见其睡觉的功力非同凡响，因此人们也把树袋熊叫作无尾熊。

树袋熊又常常被唤作考拉，其实考拉这个名字源于当地的土著语Koala，这个词语是“不喝水”的意思，因为土著居民看到这种动物常在树上生活，几乎看不到它们下地喝水，所以管它们叫作不喝水的熊。其实，树袋熊能够从它们吃的桉树叶子中获得它们所需要的90%的水分。

虽然树袋熊名字里有个“熊”字，但是它和我们所熟悉的熊相差甚远。从分类上说，树袋熊是有袋目动物，而熊是食肉目动物，熊具有食肉动物特有的裂齿，但树袋熊仅有擅于咬断和磨碎树叶的牙齿。最主要的区别是熊宝宝生下来发育比较完全，而树袋熊的宝宝还要到育儿袋里再发育一番才行。

树袋熊的身上有着特殊的气味，它们会在树上标记气味来表明自己的领地，一般很少侵入别人的领地，如果误入，结果很可能是大打出手了。在繁殖季节，雄性树袋熊还会在争夺配偶的打斗之中受伤。

在繁殖期，一些懒散的雄性树袋熊会选择优哉游哉地“守株待兔”。它们待在树上发出求偶的吼叫，雌性如果听到并喜欢这样的叫声，便会来到这只雄性的地盘，与它繁殖后代。雄性树袋熊体形比雌性略大，繁殖时，雄性会爬到雌性的背上，咬住雌性的后颈，完成交配。

也有一些雄性树袋熊会在繁殖季节来到雌性的领地求偶，如果雌性不喜欢它便会奋力反抗，不过因为体形略小于雄性，所以常处于劣势，甚至有雌性因拒绝雄性的求偶而被赶下树。这些容貌呆萌的家伙的世界也不简单呢。

树袋熊怀孕大约35天，就会产下后代。刚刚出生的小树袋熊只有粉笔头那样大小，它们会自己摸索着爬到育儿袋里，在里面吃、睡，慢慢长大。而令人难以置信的是，树袋熊育儿袋的袋口是向下的，这方便了刚分娩的小树袋熊快速爬到育儿袋里，代谢的一些废物也能顺利掉出，而小树袋熊在里面紧紧地依偎着妈妈，加上妈妈收紧腹部肌肉，行动格外小心，所以小树袋熊也不会从育儿袋中掉落。

在育儿袋中待了六个月后，它们就要从育儿袋里出来，趴到妈妈的背上，开始跟着妈妈闯荡江湖了。这时，它们的食物是妈妈的粪便。考拉妈妈会从盲肠中排出柔软的半流质粪便，小树袋熊就以此为食。通过这样的行为，小树袋熊就能把妈妈体内能够消化桉树叶子的细菌群寄生到自己的体内，以后就可以像妈妈一样吃桉树树叶了。1岁的时候，小考拉就会离开妈妈，寻找并占据属于自己的领地，到了大概3～4岁成熟，可以生树袋熊宝宝了。

生活在澳洲的树袋熊也有天敌，当它们想从一棵树换到另一棵树上栖息，就要短暂地下到地面，这时很有可能受到狗的攻击。此外，天空中的鹰也是树袋熊的天敌。不过生活在自然环境中的树袋熊要比生活在城市中的树袋熊长寿，因为它们很少受到伐木的影响以及高速行驶汽车的伤害。在澳洲也有树袋熊基金会，他们会收养一些失去妈妈或者受伤的树袋熊。

尽职尽责的袋鼠妈妈

和树袋熊一样，袋鼠也是一类有袋类动物，澳洲的国宝。与树袋熊并不是熊同理，袋鼠也不是鼠，鼠是有胎盘的哺乳动物，属于啮齿目，而袋鼠是有袋目。

袋鼠的英文名字叫作Kangaroo，其实这也来自当地的土著语。据说，当年来到澳洲的探险家库克船长指着远处一只动物问当地的土著人它的名字，当地人回答说："Kang-a-roo。"在当地的土著语中这是指一种大个的颜色较深的袋鼠，后来被用作了所有袋鼠的统称。

澳洲袋鼠

袋鼠用后腿蹦跳着前行，这种有趣的行走方式让它们颇受瞩目。袋鼠的尾巴上面有很多肌肉和肌腱，不仅能够在休息的时候支撑身体，还能在跳跃的过程中提供推力。雄性袋鼠会用前肢打斗，来争夺雌性，雌性也更愿意和体格强健的雄性繁殖后代。

在澳大利亚的国徽两侧，就是袋鼠和鸸鹋，这两种动物是澳大利亚的特有动物，也是澳大利亚的象征。国徽左侧的袋鼠就是红袋鼠，也叫作大赤袋鼠，是体形最大的袋鼠，也是最著名的袋鼠。

对于红袋鼠而言，雌性和雄性个体在体形和颜色上都有较大差别。红色、体形较大的是雄性，而毛发略显灰蓝色、体形较小的是雌性。有趣的是，雌性的红袋鼠似乎非常热衷于做母亲，它们似乎总在繁育后代。其实，这是由于袋鼠具有独特的生殖系统，育儿袋里有宝宝的袋鼠妈妈是可以完成交配并再次怀孕的，但这时，它会暂时停止自己所怀胚胎的发育，直到袋子中的小家伙可以离开育儿袋生活，它才会让下一任宝宝继续发育，大约经过一个月的时间，新的宝宝爬进育儿袋，这种推迟胚胎发育的行为称为滞育行为。通常生活在干旱和食物缺乏地区的袋鼠会有这样的行为。

一般，红袋鼠的宝宝在出生8个月左右就可以完全离开育儿袋了，但它并没有断奶，还要跟着妈妈吮吸乳汁直到一岁，这时候，妈妈的育儿袋里可能已有了“二胎”。不过不用担心，虽然袋子里面的小袋鼠会咬住乳头吮吸，但有一个延长的乳头可以专供外面的孩子继续吸吮乳汁。所以，经常可以看到袋鼠妈妈带着两个孩子的温馨场景，其实它可能还身怀滞育的第三个宝宝呢。

拥有方形便便的袋熊

在澳洲，除了著名的树袋熊和袋鼠，还有一种动物叫作袋熊。袋熊虽然叫作熊，但是有着比熊更容易亲近的体形和样貌，它们的体长仅有1米左右，身上有着棕色或灰色的毛，胖墩墩的，行动非常缓慢。人们常被这样的袋熊萌到：四只小短腿支撑着胖乎乎的身体移动，黑色的小豆眼下面镶着黑色的大鼻子，鼻子下面还有露在外面的两个门牙。这种动物虽然看上去憨憨的，但遇到危险时跑起来的速度比人还快。

澳洲的袋熊有三种，分别为昆士兰毛鼻袋熊、南澳毛鼻袋熊和塔斯马尼亚袋熊，都是根据澳洲的地名来命名的。毛鼻袋熊的鼻子上覆盖了毛发，因此得名为毛鼻袋熊。袋熊也是澳洲土生土长的动物，它们接近啮齿类，能够啃食一些硬的食物，因此牧草、树皮和草根都是它们的美餐。

虽然与澳洲的树袋熊、袋鼠同为有袋目的动物，袋熊似乎并不是因为有着育儿袋而出名的，反而是因为它有着独特形状的粪便，这种动物的粪便竟然是方形的。袋熊的便便是一个规规矩矩的立方体，看上去像是一个方形红糖。当人们发现这种长相呆萌的动物有着奇特的粪便的时候，又好奇地开始研究：袋熊是如何排出方形便便的呢?

首先，理所当然的猜测是袋熊有着方形的肠道，但经过研究证实并非如此。实际上，袋熊的新陈代谢很慢，大约8～14天才能够完成整个消化过程，这样利于它们生活在干旱的环境中。正是因为消化时间长，所以消化物中的水分被充分吸收，消化物变得干燥，逐渐分节断开，这些分节断开的排泄物在大肠中被挤压，形成方形的便便。大肠中已经干燥、压实成形的便便很难再因直肠而挤压变形，于是就形成了方形的粪便。

方形的粪便也有着得天独厚的优势，例如，它们比较容易固定，利于袋熊标记自己的地盘。袋熊生活的区域很广，森林、山地、荒野都可以栖居，偶尔它们也会出现在农田附近，人们也会因它们打洞破坏农作物的土壤而头疼。雄性的袋熊会把自己方形的便便排在洞口、岩石上，宣示它的领地，其他的雄性见到就会主动离开，避免冲突。而当雌性的袋熊留下粪便，雄性便能从中辨认出它是否处于生育年龄，从而找到成熟的雌性袋熊，与它繁育后代，生小袋熊。

在春季繁育期，袋熊妈妈怀孕大约20天后，小袋熊就出生躲进了育儿袋。有趣的是，袋熊的育儿袋是向后的，一来方便刚诞生的小袋熊找对路，二来在挖洞穴的时候，不用担心粗心妈妈挖出的土把袋子里面的宝宝覆盖住。小袋熊会在育儿袋内含住妈妈的乳头，继续发育6～7个月的时间，大约到了秋季，就会从育儿袋出来，再继续跟妈妈要奶吃。

根据世界自然保护联盟的统计，现存的三种袋熊中，昆士兰毛鼻袋熊已经达到极危级别，一些保护项目也在澳洲建立起来。比如在袋熊的分布区建立起两米高的围墙，帮助阻隔它们的天敌——野犬，还有志愿者对袋熊的数量进行检测，以及科研人员对它们进行无线电跟踪等等，在共同的努力下，这种毛鼻袋熊的数量也在逐渐回升。

澳洲是一片保留了古老而丰富动物资源的国土，在这里，从鸭嘴兽到有袋类动物，仿佛在带领我们回顾哺乳动物的演化之路，直到后来出现的有胎盘哺乳动物，才开始不再需要育儿袋，而这些原始哺乳动物的存在，是生命演化历程所留下的难能可贵的证据，它们不仅珍贵、可爱，更让我们因生命的伟大和神奇而震撼、感动。

第十三章

听说人类用我的屎做咖啡
——灵猫科动物

咖啡在当下已经成为一种日常饮品，和可可、茶并称为三大无酒精饮料。咖啡的品种也多种多样，拿铁、摩卡、白咖啡等等，而你一定听过一种神奇的咖啡，叫作猫屎咖啡，这种咖啡真的是用猫屎做的吗？是怎么做的呢？这种咖啡从名不见经传到家喻户晓，再到成为天价咖啡，这其间发生了什么？究竟，猫屎咖啡是不是真的值得用昂贵的价钱购买，涉及其中的猫又经历着怎样的命运呢？这一篇，将一一揭晓……

哪种猫的屎？

正宗的猫屎咖啡产自印度尼西亚，当地的语言把猫屎咖啡称作Kopi Luwak，其中Kopi指的就是咖啡，而Luwak就是便便的主人了。它究竟是哪一种猫呢？

家猫可以说是人们最熟悉的猫，它们作为人类的宠物，出现在人们的生活中，其中有虎斑猫、加菲猫、暹罗猫等等，但其实它们都属于同一物种——猫，只不过分出了不同的品种。实际上，猫的世界远不止于此，目前世界已知的猫科动物约40种，根据它们的身体特征，又可以分为豹亚科和猫亚科。

豹亚科包括云豹、马来云豹、狮、虎、豹、美洲豹、雪豹等。这些豹中除了雪豹基本都可以发出吼叫，这是因为它们的舌骨没有完全骨质化，而是在下方有一个有弹性的筋腱，这给予喉咙较大的空间，可以让喉咙的后部很大程度地膨胀，由于这样特殊的舌骨结构，它们可以发出恐怖的吼叫声。而雪豹有些特殊，由于它的舌骨完全骨骼化了，所以它的叫声听起来更像猫，少了些威风。再说猫亚科，它包括猫、兔狲、猞狸、豹猫、猎豹，等等，它们是不可以发出吼叫的，只能发出“喵”的叫声。

细数了猫科动物的所有成员，似乎并没有找到猫屎咖啡的主人Luwak的身影。其实，虽然叫作猫屎咖啡，但是产咖啡的猫并不属于猫科，而是属于灵猫科。灵猫科与猫科同属于食肉目，具有尖长、锋利的犬齿。只不过灵猫科的动物吻部突出，脸型更为尖长，并不像我们熟悉的猫科动物一样，有着圆形或方形的脸孔。这种在印尼被叫作Luwak的灵猫科动物，中文名字叫作椰子猫，或棕榈猫，因为它食用椰子树和棕榈花朵中甜美的汁液，故而得名。

棕榈猫个头不大，和大多数家猫有相似的体重，它们生性胆小，大多在白天休息，到了夜晚出来觅食。它们爱吃一些多汁的果实，同时通过排泄的方式，也帮助这些植物传播种子，它们并不是素食主义者，也吃些昆虫和小型的哺乳动物，属于杂食动物。它们也有独特的方法保护自己，在遇到危险时，它们会从肛门的腺体发出难闻的气味作为防御。就是这些看似名不见经传、夜间活动的小个子棕榈猫，人们竟热衷于用它的粪便做咖啡！这究竟是怎么发生的呢?

把猫屎变成咖啡分几步

其实粪便是我们忌讳谈论的事情，尤其是在餐桌上，听上去让人蹙眉，无法登上大雅之堂的猫屎又是怎么变成咖啡，摆上高档餐桌的呢?

这还要从很久以前在印尼发生的故事讲起。在印尼生活着一些野生的棕榈猫，在这些机灵家伙们的食谱上，有一道叫作咖啡樱桃的美食，成熟的咖啡果长得像樱桃，殷红的颜色，有一层薄薄的果肉，很甜。在安静的夜晚，棕榈猫就会出现在人们栽种的咖啡园中，趁着没有人看管，饱餐一顿，但是它们只能吃掉果实，里面的种子消化不

猫屎咖啡

了，于是剩下的种子——咖啡豆又集体随粪便排了出来。由于棕榈猫的肛门有腺体，它们会用这种带有特殊气味的粪便标记领地，因此，这些咖啡豆经过了这一道关卡，也带有了棕榈猫专属的独特气息。

当地人把这些粪便捡拾收集起来，清洗、晒干、烘焙，就成了独特的猫屎咖啡。其实，咖啡的果实制造成咖啡豆需要有一个过程，或者水洗，或者晒干，将外面的果皮褪去，得到咖啡豆。而棕榈猫食用咖啡果，相当于另辟蹊径，完成了咖啡果肉与种子分离的过程，但要从粪便中得到咖啡豆，依然要经过仔细清洁。至于从咖啡豆变成咖啡，还需要对咖啡豆进行高温烘焙，烘焙程度不同，咖啡豆的色泽、味道都有所不同。烘焙好的咖啡豆经过研磨，用水冲泡或煮就形成了一杯猫屎咖啡。

这一系列的步骤说起来简单，不过，如果让喝猫屎咖啡的人亲自经历捡屎、处理粪便的过程，他是不是依然喝得下这一杯咖啡呢？

第一个喝猫屎咖啡的人

如果说第一个吃螃蟹的人是让人佩服的，那么第一个喝猫屎咖啡的人无疑让人佩服得五体投地，怎么能想出用粪便中的咖啡豆制成咖啡呢？据说，早期印尼的经济并不发达，一些当地人靠种植咖啡获取微薄的收入，收获的咖啡被统一收购、加工，上市出售，而咖啡农反而没有足够的钱来买成品的咖啡来喝，偶然间，当地人看到棕榈猫排出的粪便中有不少咖啡豆，于是就清洗出来，挑选一些晾晒，最终磨成咖啡粉来饮用。所以，猫屎咖啡最开始是穷人为了喝到咖啡所选择的一个下策。

但是，由于动物本身在觅食过程中会辨别好坏，棕榈猫吃掉的大多是一些成熟得恰到好处的咖啡果，所以它留下来的咖啡豆质量也高。而且经过它体内的胃肠，也起到了一个发酵的作用，咖啡豆中一些蛋白质被破坏，其中的苦味倒减轻了不少，附加上棕榈猫身上腺体的特有的味道，反而别有一番滋味。甚至有人称赞这种咖啡口味温和，有黑巧克力与麝香的味道。尽管如此，猫屎咖啡在当地仍是一种名不见经传的饮品。

到了20世纪90年代，猫屎咖啡在英国得到了推广，后来竟然成为家喻户晓的饮品。推广咖啡的人是一名咖啡总监，他曾在书上读到过关于猫屎咖啡的记录，他买了一些，想吸引报纸和电台的报道，但没想到引起了各方媒体的广泛关注，争相报道。于是，猫屎咖啡这个名词被广泛流传。就这样，这种神奇的饮品被引进到了西方。

然而直到后来，一些咖啡生产商家用“生物发酵”的噱头，鼓吹猫屎咖啡的稀缺性，将它卖出了天价，每公斤200~400美元，甚至更贵，喝一杯这样的咖啡也要50美元，相当于市价十倍之高，猫屎咖啡俨然已不再是一种简单的饮品，而是人们炫耀自己财富的奢侈品。而价格的提高也鼓动更多的商家将棕榈猫关进笼中饲养，从而生产猫屎咖啡。

当年推广猫屎咖啡的总监不禁叹息，他并没有想到当年的不经意之举竟然会引起如此轩然大波。实际上，他当年看重的是野生的棕榈猫不经意间留下的粪便，被人们采集后生产出来的有趣珍品，而不是现如今成规模的饲喂所生产出推向市场的华而不实的奢侈品。

被殃及的大灵猫

在猫屎咖啡成名以后，越来越多的人看准了其中的利润，希望也能分得一块蛋糕。于是，一种叫作大灵猫的动物也被带入了猫屎咖啡的生产线。它与棕榈猫同属于灵猫科，只不过大灵猫的个头略大一些，身上有深色的斑点，在它的脖子两侧和下方有三条像波浪一般的黑白相间的条带，尾巴也具有相似的一节一节、黑白相间的环纹，这让它非常好辨认。

与棕榈猫相似，大灵猫们白天会找个洞穴休息，夜间独自出来活动，抓一些青蛙、蛇或者小型的哺乳动物来吃。它们同样会用带有气味的粪便为自己占据领地，这气味来自肛门附近的腺体。正因为这样的气味，它作为香料动物的历史已久。以前，人们会捕杀大灵猫，割下它的腺体，刮下灵猫香，而今，人们饲养大灵猫，定期将它绑住，用小勺一样的工具插入大灵猫的肛门附近的腺体处，刮取灵猫香。刚刚取出来的灵猫香是一种淡黄色的黏稠液体，经过加工之后会用作一些香水或者香精的定香剂。其实，作为香料的麝香、海狸香也都来源于它们的生殖腺或其附近的腺囊。来自这些动物生殖器附近的香料，竟加工成了洒在我们身上的昂贵的香水。

而随着猫屎咖啡的价格高涨，大灵猫不仅被用于制作香料，还进入了咖啡商们的视野。野生的大灵猫被捕捉，关进笼子，喂以“美味”的咖啡果，被迫排出咖啡豆，卖出高价以赚取巨额的利润。现在市场上很多品牌的猫屎咖啡，包装上都印有大灵猫的图案，或许其中的一些生产商甚至不知道最早的猫屎咖啡缘于棕榈猫，而认为那些能排泄咖啡豆的家伙就是大灵猫吧。

无辜的当事猫

就因为棕榈猫能够生产昂贵的猫屎咖啡，所以原本光顾咖啡园的野生棕榈猫以及后来发展出来的大灵猫被人们诱捕，关进笼子，专门用来生产猫屎咖啡。但是，野生动物本有其在自然界的生活规律，它们并不通人性，很难被驯服。

起初，猫屎咖啡产业的利润颇高，笼养的棕榈猫也被当作神仙似的，被人们小心翼翼地伺候。然而每一斤麝香猫的粪便中只能提取到150克的咖啡豆，猫屎咖啡的产量不高。后来从事猫屎咖啡产业的商家不断增多，行业内竞争激烈，厂商们便希望棕榈猫能更快、更多地排出带有咖啡豆的粪便。于是，人们抓来更多的棕榈猫，关在笼子里面，只喂给它们咖啡果，但棕榈猫本来是杂食性动物，需要植物动物等各类营养，只吃咖啡果会让它们的食物单一而导致不健康的体态。棕榈猫本来喜好独自觅食，当多只猫被关在狭窄的饲养笼中一起养殖时，它们不得安生，躁动的棕榈猫互相打斗以致受伤的事情时有发生。由于生产商只顾利润，也不懂得它们的生活习性与饲养之道，因此，很多被饲养的棕榈猫的命运是悲惨的。

自从人们发现用猫屎作为噱头可以大规模地赚钱，于是又有人想出了用其他动物的粪便做咖啡的点子，象屎咖啡就是其一。然而，现在越来越多的人了解猫屎咖啡的生产加工原理，也了解这种牟利的广告手段，因此这些噱头并没有想象中的乐观。加之越来越多的动物保护组织宣传抵制猫屎咖啡，所以人们也逐渐回归了健康与理智的消费观念。

当我们在购买动物制品的时候，或许是抱有一颗亲近自然的心，然而，这样的心思可能造成对动物的伤害，因此，如果你真的热爱自然界，请拒绝购买动物制品，没有买卖，就没有伤害。也请劝诫身边的朋友，我们并不需要猫屎咖啡来显示自己的品位与地位，恰恰相反，我们可以用拒绝猫屎咖啡来尽一份自然守护者的责任。

第十四章

草原上的迁徙
——有蹄类动物

非洲是世界版图上的“心脏”，从神秘深邃的森林到一望无垠的草原，再到辽阔无比的沙漠，非洲让人无限向往。这里多样的气候养育了种类繁多的野生动物，它们都具有与生活环境相适应的形态特征。它们在那片属于自己的热土上，享受温暖，也面临着挑战。非洲草原上浩浩荡荡的有蹄类迁徙大军，堪称世界上最壮丽的自然景观，这一篇，我们就来领略非洲草原上有蹄类动物的飒爽英姿。

广袤的非洲草原

非洲的版图看上去像一个巨大的三角形，由于赤道穿过非洲大陆中部，将大陆均分为两部分，因此也具有多种气候类型。赤道附近的温度、湿度较高，这里分布着热带雨林气候。以赤道的热带雨林气候为中心向南北依次分布有热带草原气候、热带沙漠气候和地中海气候。

坐落在坦桑尼亚的乞力马扎罗山，是非洲最高的山峰，被称作非洲屋脊，由于在赤道附近，峰顶由皑皑的白雪覆盖着，所以也有赤道雪峰的美称。但由于环境变暖，冰雪开始加速消融，所以这一景色也常被认为是即将消失的奇观。

非洲草原是典型的热带草原气候，全年都是高温天气，与我们的春夏秋冬四季不同，在热带草原上，气候可以分为干湿两季。每年5—10月，北半球的热带草原雨水充沛，是草原上的湿季，而到了11月，降水减少，空气干燥，就到了草原上的干季。而南半球的干湿季恰恰相反，从11月开始到次年的4月为湿季，5—10月为干季。

每年在非洲东部都有上百万的食草动物不远万里地迁徙，其实就是“逐水草而居”，追逐草原的湿季。当所居住的草原降雨开始减少，它们就齐整地排好队伍，迁徙到雨水充沛的地方。大部分的时间这些食草动物都停留在位于坦桑尼亚的塞伦盖蒂草原，直到6月，随着降雨减少，塞伦盖蒂迎来了干季，水草干枯，大批食草动物向有雨水的北方迁移；7月，它们到达马拉河一线，继而抵达位于肯尼亚的马赛马拉草原，它们会在这个地方停留三个月之久；直到过了10月，塞伦盖蒂草原又重新迎来雨水的滋润，开始返青，由于塞伦盖蒂的面积几乎是马赛马拉面积的十倍大，所以动物们会再度向南迁徙，回归家园，但它们并不会原路返回，而是再从东部走另外一条路线，这是因为，来时的草已经被这些迁徙大军吃掉大半，需要换一条食物充足的路线。这便是非洲草原动物的生存方式。

草原上的有蹄类动物

迁徙的动物包括斑马、角马、羚羊等，它们的脚趾末端都是有角质的蹄，属于有蹄类动物。动物学家把这些长着蹄子的动物根据脚趾数量是奇数或偶数来进行分类，就有了奇蹄目和偶蹄目。

奇蹄目动物中，以马、犀牛、貘为代表。其中马的前后肢均为1个趾头，那是它发达的第三趾头，它的第二、第四趾在演化过程中为适应环境而退化掉了，犀牛前后脚均为3个趾头，而貘的脚趾数与原始的奇蹄目动物相同，前肢为4个脚趾，后肢为3个脚趾。

斑马就是马科的成员之一，现存的马科动物只剩下三类，另外两类是野马和野驴。就像你难以找到两片相同的叶子那样，也很难找到两匹条纹一样的斑马，其实，胚胎时期的斑马是黑色的，胚胎发育到后期才长出白色的斑纹。至于斑马为什么要长有黑白条纹至今还没有公认的研究结论，人们推断斑马能通过条纹来辨认出同伴，或者是条纹在自然界中能起伪装的作用。

偶蹄目动物要比奇蹄目动物多很多，像牛、羊、鹿、骆驼、猪都是偶蹄目的动物。偶蹄目又可以分为胼足亚目、反刍亚目和猪形亚目。骆驼的脚上有厚厚的脚垫，手脚上磨出的硬皮称为胼，因此骆驼属于胼足亚目。鹿和牛、羊、羚有一个独特的进食习惯，叫作反刍，它们会把胃中半消化的食物返回到嘴里继续咀嚼，也因此被称作反刍动物。猪是杂食性动物，不反刍，隶属于猪形亚目。

说起反刍动物，人们总是很好奇：根据需要把胃部的东西返回到口中咀嚼，它们是怎么做到的呢？其实，反刍动物的胃有四个室，分别为瘤胃、网胃、瓣胃、皱胃，这其中只有位于末端的皱胃能够分泌消化液从而起到真正的消化作用。它们取食时会先将大量的草囫囵吞下，储存进前三个胃中，之后再返回到口中咀嚼，充分吸收食物的营养，这也让它们在食物匮乏的时期占据了更多的优势。

在辽阔的非洲稀树草原上，角马、瞪羚、长颈鹿等都是反刍动物。

角马实际并不是马，它又被叫作黑尾牛羚，和很多羚羊一样，它是属于牛科的动物。在迁徙的动物中，上百万头角马组成了部队的主力军，它们一生中求偶、交配、繁育等重要的时刻都在迁徙中度过，它们会在迁徙的途中举办求偶仪式，雄性角马将雌性围成群，绕着它们奔跑、求偶。雄性角马为了争夺交配权会发生激烈的打斗，试图用

迁徙中的角马群

强有力的角将对方攻退。角马妈妈怀孕8~9个月，小角马便会降生，刚生下来的小家伙虽然瘦弱，但很快就能够学会站立、行走。在广袤的草原上，只有这样坚忍顽强才能保证自己的安全。

长颈鹿也是偶蹄目的反刍动物，这不禁引起人们的好奇，它们有约2米长的脖子，胃部怎么把食物运输到嘴里呢？其实在反刍中起作用的是它的食道，食道壁的肌肉收缩向上蠕动，可以一点一点地把食团带入口中。长颈鹿的身高6米，是陆地上最高的哺乳动物，惊人的身高不仅仅为它们带来了仰视的目光，也带来了一些不便：它们的血压比普通动物更高，以便于心脏把血液输送到大脑，其血压大约是成年人的3倍。此外，由于身高过高，腿部过长，长颈鹿喝水时十分不便，它们通常前腿劈开，后腿叉开，才能低下脖子碰到水面，而它们在喝水时十分容易受到其他动物的攻击，非常危险，所以群居的长颈鹿往往不会一起喝水，总会有长颈鹿观察周围的动静。

你高你先走，我矮我殿后

干湿交替的广袤草原，浩浩荡荡的迁徙大军，这已经成为非洲一道气势恢宏的独特风景。

有趣的是，迁徙的动物像是商量好的，会按照高矮顺序排列进行迁徙：走在最前面的是斑马，因为它在迁徙队伍中个头居高，约20万头斑马在迁徙中进食，把草茎顶部切割下来慢慢咀嚼，斑马走过后的草便矮了一截，之后就跟上了身高居中的角马，约有上百万头，中层的青草高度正好适合作它们的食物，而它们吃过后的草的高度又下降了，底层短草和新长出来的嫩草恰好被跟在后面的50万只小个子的瞪羚吃掉。因此，非洲草原上的迁徙大军似乎有着一个“不成文”的规矩，按照个头从高到矮，也就是斑马、角马、羚羊这样的顺序前行。

艰险路途

在迁徙的过程中，这些有蹄类动物也要面临重重艰难险阻。

角马在迁徙过程中要渡过多条河流，其中最著名的叫作马拉河。马拉河两岸非常陡峭，一些角马在跃入河中时就面临摔伤的风险，但它们并没有一丝退却。选择了草原，迁徙就成为它们的生存方式，一匹匹角马接连跳进水中，义无反顾，溅起一片片水花，将河水搅得浑浊，它们迈开步子，尽可能地跃得更远。

而此时，河水中的鳄鱼早已聚集在此，等待着这迎面而来的享之不尽的美餐，它们潜伏在水中，等待攻击弱小落单的角马。它们会在水中咬住角马的腿，用力将它们拖住、咬死，从而美餐一顿。坚强的角马不会放过一丝生的希望，它们挣扎、逃跑，奋力求生，尽可能地摆脱鳄鱼，即使流血、受伤也不愿妥协倒在河中，而是坚持着上岸。

除了鳄鱼，非洲狮、鬣狗也是迁徙大军必定面临的威胁。非洲狮奔跑迅速，擅于追击，有着锋利的爪子和强大的咬力，它们结群生活在非洲草原上。体形较大、头部外围有一圈鬃毛的就是雄狮。雄狮一头棕红色的靓丽毛发在草原中随风摆动，显得威风凛凛。雄狮浓密的鬃毛象征着它的成熟和健康，是雌狮挑选伴侣的依据。或许是因为鬃毛的原因，聪明的食草动物老远就能发现雄狮的踪影，所以捕猎的工作通常都是由雌狮完成，雄狮更倾向于保护它们群体的领地及安全。它们有着严格的等级制度，捕到的猎物通常先由头领雄狮来吃，然后才轮到雌狮，最后才是孩子们。当孩子们长大，就会被赶出狮群去组建自己的家庭群体，这也很好地避免了近亲繁殖造成遗传性的疾病。

与狮子家族不同，在鬣狗的家族中，是由雌性来当家做主的。它们除了捕食活物，也会吃一些动物的尸体，它们的牙齿足以将尸体的骨骼咬碎，吃掉里面的骨髓。寻着尸体的味道，以腐肉为食的秃鹫也会不请自来，它能凭借宽大的翅膀在天空翱翔好几个小时，凭借灵敏的嗅觉找到腐烂的尸体，钩子状的嘴能将尸体上的肉刮得干干净净，胃中分泌的胃酸使它吃腐烂的肉也不会闹肚子，因此，草原上的“烂摊子”基本都会由腐食的秃鹫收拾。这些爱好取食残羹冷炙的动物也被称为非洲草原的清道夫。

在草原上，数量庞大的有蹄类动物和它们的天敌组成了食物链：青草被有蹄类动物吃掉，有蹄类动物又被食肉动物吃掉。食物链将各种生物通过一系列吃与被吃的关系紧密地联系在了一起。其中，植物为生产者，供食草动物食用，像斑马、角马、羚羊等食草动物称为初级消费者，捕食食草动物的狮子、猎豹等大型食肉动物称次级消费者。食物链协调着草原生态系统的稳定，食草动物时常被食肉动物追赶，需要不断地更换地方，从而使草原上的植物不被过分啃食，同时，体弱病残者被淘汰，稳定了食草动物的数量，并保证了群体的质量。如果没有食肉动物，食草动物就会过快地发展，植物随之会迅速减少，生长受到抑制。因此，食肉动物捕食活动是有助于维护生态平衡的。无论是草食动物还是肉食动物，都有各自生存和繁衍的策略，以此来适应非洲草原的法则。

草原守护者

在非洲草原上，还生活着半游牧民族——马赛人，他们通常穿着红色的衣服，象征着武士与勇敢。在他们的传说中，天地分离时，恩卡伊神将长牛角赐给了马赛人。因此，他们认为牛是神圣的，牛与牧草休戚相关，而土地是牧草的根基，因此马赛人不会开掘土地，并且认为凡从事畜牧业以外的生活方式，都是对恩卡伊神的亵渎。他们选择半游牧的生存方式，宁可赶着牛群去远方找水，也不掘土找水。其实，畜牧业也是马赛人对环境适应的结果，热带稀树草原环境具有较长的干旱季节，不适宜农耕。因此，每年马赛人都会赶着他们的畜群跟在羚羊群后面迁徙，因为跟着这些野生动物一定能找到最好的草场。而马赛人的这种生存方式也为草原上千百万的生灵留存了一片乐土。

稀树草原上的有蹄类生灵，为了生存，每年在一望无际的原野上驰骋，它们勇敢地跃下河谷，奋力向前，它们集体生活在一起，抵御艰险。迁徙给它们的生命赋予了伟大的意义，也给整个草原保存了勃勃生机。正因如此，非洲的自然风光总是让人无限憧憬与向往，也给人带来震撼，让人重燃起对生命、对自然的敬畏之心。

第十五章

我懒，但我萌呀
——大熊猫

我们的国宝大熊猫受到全世界的喜爱，它们白色的脑袋，黑色的眼圈、鼻子、耳朵和四肢，一副不问世事又憨态可掬的样子，格外惹人喜欢，就连世界自然基金会（简称为WWF）也采用了它的形象作为自己的标志。那么，关于这位国宝，你究竟了解多少呢？

卖萌的熊

关于大熊猫，在网络上流传这样一段有趣的评价：“咬合力仅次于北极熊，和棕熊齐平；奔跑速度在海拔两千米高度的山地里能超过刘翔平地的最高速度；能爬上二十米以上的树；能把三四头狼当作坐垫玩；这么一种生物，居然靠卖萌为生！”

的确，这种生物其实并不像我们在动物园中看到的那样笨手笨脚。生活在野外的大熊猫，能上树，能跑步，偶尔还打个架呢！它们具有锋利的犬齿和尖锐的爪子，而这几乎是所有食肉目拥有的特征。

大熊猫属于食肉目，熊科。除了大熊猫，现存熊科的动物还包括眼镜熊、棕熊、亚洲黑熊、美洲黑熊、懒熊、马来熊、北极熊等八种，虽然种类不多，但是它们分布广泛，在亚洲、欧洲、南美洲、北美洲都有熊家族的成员。

其实熊猫原本的名字叫作猫熊，意思为脸型长得像猫的熊。关于“猫熊”与“熊猫”的叫法，其实还是有一段故事的。在1939年，北碚博物馆举办了一次动物标本的展览，其中就有一只熊猫标本，当时的标示牌上写的是“猫熊”，但有趣的是，那个年代中文的书写方式正值从“竖书”过渡到“横书”的阶段，当竖向书写时，是从右向左，而当横向书写时是从左向右。博物馆当年采取的依然是竖书，将右向左读的“猫熊”二字作为标签展示，而当时已经有很多人习惯了从左向右的阅读方式，因此将展出标本误叫作熊猫，这个名字也就流传开来，并被广泛使用了。而在那个时期，这个中文名字似乎仅在大陆传播开来，故而如今台湾依然将这种动物唤作猫熊。

好吃懒做的“六指”

竹子是大熊猫的主食，这种动物以前可是吃肉的，只不过后来，森林面积缩小，食物竞争者增加，大熊猫为了适应环境存活下去，才迫不得已选择以竹子为食。它们很聪明，会挑一些有营养的竹笋、嫩竹来吃，但依然保留了食肉目动物的特征，它们没有食草动物那样专门用来贮存食物的复杂的胃，也没有消化纤维的细菌来帮它们充分吸收竹子中的养分，因此，大熊猫每天得花十几个小时进食，也要吃15～20公斤的竹子才能够摄取足够的营养，这也难怪它们醒着的时候总是在吃。

除了吃和卖萌，一天中剩余的大部分时间它们都在睡，这也是因为所食用的竹子不能提供太多的营养，它们要通过减少活动来节省体力。这样看来，“好吃懒做”的国宝也是情有可原的。

吃竹子的大熊猫

为了方便自己对美味的竹子暴饮暴食，大熊猫还在自己熊掌的内侧长出了“第六个指头”，其实，这个指头是大熊猫的手腕中的一节骨头特化而成的。它原本的五个指头朝一个方向，并生在一起，就像我们的后四个手指一样，不方便抓握食物，而长在旁边的一节籽骨就好像我们的大拇指，和其他的指头配合可以起到抓握的功能。看来大熊猫为了能吃得更多、更好、更方便，真是没少下功夫啊。

不过，江山易改，本性难移，现在的大熊猫虽然已专吃竹子多年，但依然有吃肉的能力。王朗自然保护区的红外相机就曾拍到一只大熊猫吃牛羚尸体的全过程，不过，这只牛羚并不是大熊猫所猎捕的，只不过是碰巧“天上掉的馅饼”，让这个家伙改善了一顿伙食而已，这种现象其实并不常见。

野生大熊猫

野外的大熊猫并没有在动物园中看到的那样干净整洁，反而多了一些潇洒自在的风范。大熊猫喜欢独居，在竹林里，它们会用自己排泄物的气味来标记领地，如果嗅到了其他个体的气息，就意味着到了别人的领地，为了避免冲突，它们会选择离开。但到了繁殖季节，成熟雌性所留下来的气味意味着它们已经做好了当妈妈的准备，这个气味就会吸引附近的雄性前来“当爸爸”，不过，如果来的雄性多了，它们之间就必然会出现冲突，通过决斗来争夺心仪的雌性。不过，熊猫爸爸并不关心自己的孩子，雄性熊猫完成交配后就会离开，依然独自生活，熊猫宝宝将由妈妈带大。

怀孕大概3～5个月，熊猫宝宝就要降生了，妈妈会非常细心地找一个隐蔽的树洞或岩洞，产下它们的孩子。刚出生的熊猫宝宝非常小，只有妈妈体重的八百分之一，它们粉嘟嘟的，没有牙齿，眼睛紧闭。这时候，平常温顺的妈妈会一改往日的性格，对外界凶悍起来，意图保护自己的宝宝。熊猫宝宝会吸吮母乳，慢慢长大，当它们可以爬的时候，妈妈会和它们一起玩耍，方式通常是滚动和摔跤……原来它们蠢萌的行为都是自小从妈妈那里习得的呀。大约经过半年的时间，熊猫宝宝可以在喝奶的同时，学着吃一些竹子了，它们要跟随妈妈一年半到两年的时间，然后才开始独自生活，大概到了4～8岁，成长为一个成熟的个体。有时，熊猫妈妈也会产下双胞胎，不过，在野外生活的大熊猫为了保证至少有一只成活，通常会放弃其中较弱的那一只。

大熊猫可以划分为两个亚种，就像虎分为东北虎、华南虎等亚种那样。其中最先命名的是指名亚种，分布在四川、甘肃；另外一种分布在秦岭，称为秦岭亚种。秦岭亚种并不像指名亚种那样有纯粹的黑白相间的体毛，而是黑中呈现出褐色，白色又带些黄色，它们的头骨更小，臼齿更大，由于在秦岭地区的大熊猫有着独特的形态特征与分布格局，因此单独划为亚种，所以如果在动物园中看到棕色的大熊猫，可不要再嫌弃它们脏了，那很可能是秦岭亚种，被誉为“国宝中的美人”呢！

戴维神父的竹熊

大熊猫的发现和命名要归功于一位博物圈的名人——阿尔芒·戴维（Armand David）。戴维是一位法国的传教士，因此也被叫作戴维神父，他很早就表现出对自然科学的浓厚兴趣，到了中国以后，他发现这里地大物博，有很多珍稀物种，便开始收集动物、植物方面的标本，而这其中，很多是当时未被人类发现的新物种。他在中国发现的二百余种野生动物中有63种是新物种，这其中最著名的就是麋鹿和大熊猫。

追溯大熊猫的科学认知，还要回到1869年。戴维神父在四川一位农户的家中发现了一块黑白相间的动物皮毛，经访问当地人，神父得知它在当地叫作“竹熊”，是一种比较温顺、爱吃竹子的动物。有着丰富自然科学知识的戴维认为这是一个未被定名的新物种，于是开始召集当地人帮他捕捉这种动物。他看到捉来的“竹熊”憨厚可爱，非常喜欢，想把它带回法国，但非常不幸的是这只“竹熊”在路途中死去，无奈的戴维将它的皮毛做成标本送往法国的博物馆，命名为*Ailuropoda melanoleuca*，意味黑白相间的熊。从此，人们知道了这种来自中国的可爱动物。

然而关于大熊猫的分类，竟然让人们争论了一个世纪之久，有些研究人员认为它与小熊猫的分类地位更加接近，有些研究人员认为这应该是一种特殊的熊，还有些人认为大熊猫本身就是特殊的，应该独立成科。关于大熊猫分类地位的探讨争论不休，悬而未决，直到随着化石的发现和研究的深入，人们才对这个物种有了更详细的了解和认识，并最终将它列入熊科熊猫亚科。

珍贵的活化石

大熊猫的祖先叫作始熊猫，生活在大约800万年前，由于和它们同时期生活的很多物种均已灭绝，因此，保留到今天的大熊猫也被称作活化石。

始熊猫的化石发现在中国云南，它的个头不大，但圆乎乎的，更像一只胖胖的狐狸。研究表明，这是一类从拟熊类演变而来的动物，通过观察牙齿，推断那时的它们还以食肉为主。之后，始熊猫分开两个支系演化，其中的主要演化支系就发生在中国。人们发现了生活在距今300万年前的小种大熊猫化石，它的个头很小，仅有今天熊猫的一半，根据牙齿分析，那时的它们已经从食肉为主演变为可以吃竹子的杂食性动物，正处于通过改变食谱来适应环境的过程。直到约100万年前，由于环境发生变化，大熊猫的生存空间又变得宽裕起来，迎来了繁盛期，这一时期生活的巴氏大熊猫与今天的熊猫已经十分类似，只是体形更大一些，那时的它们几乎完全食素。

在熊猫的演化中还出现了另一个支系。人们在匈牙利曾发现有古老大熊猫的化石，并认为它与大熊猫有亲缘关系，它被命名为葛氏郊熊猫，但根据后期的研究，发现它其实是始熊猫演化过程中出现的一个旁支，后来灭绝。

因此，我们现在的大熊猫是源自800万年前的始熊猫，经历了体形从小到大，再变小的演化过程。这个过程中它们从吃肉到吃竹子，再到长出六指，不断改变自己，适应环境。这些改变让它们一路走来，经历了数百万年的风雨，成为今天的“活化石”。

就宠我，就宠我

即使为了生存做出了很多的改变，大熊猫的数量依然格外稀少。它是国家一级保护动物，为了保护这群天真无邪的活化石，我们的科学家可谓费尽心力，保护方式可以分为就地保护和迁地保护两种。

就地保护是指在大熊猫的生活区域建立自然保护区，目的就是禁止人们砍伐森林、破坏熊猫的栖息地。野外的大熊猫种群之间是需要进行基因交流的，森林砍伐、修建道路会导致栖息地破碎化，造成熊猫种群之间的隔离，那么就容易出现同一种群进行近亲繁殖，不利于后代的发展。所以，当秦岭、卧龙等自然保护区建立起来之后，环境慢慢恢复，大熊猫的野外数量也有所增加，红外相机拍摄到的照片也显示出它们良好的生存状态。

就地保护的同时，人们也在对大熊猫进行迁地保护，就是把它们送进动物园或者繁育中心保护起来。但是，人工饲养的大熊猫虽然健康状况良好，但曾一度不能完成繁育后代的工作，工作人员为了让它们生宝宝，也是绞尽脑汁：把饲养环境装饰得尽可能地接近野外环境，让它们像在野外一样爬树、活动，增加后肢力量，完成交配。对于仍然不争气的大熊猫，科学家也会采取人工繁殖的方式，增加大熊猫的数量。随后，一些强壮的个体会被挑选进行野化训练，最终放归到大自然。

目前大熊猫的保护状况良好，数量有所回升，根据世界自然保护联盟的评估，目前大熊猫已经从原来的濒危级别下降到易危级别，但这似乎并不会减少人们对这种可爱生命的关注，它们仍然是人们看不够的明星，稳坐动物园最受欢迎的位置。而我们的大熊猫似乎也会“恃宠而骄”，在动物园中，它们和饲养员撒娇，求拥抱，种种憨厚逗趣的行为让人倍感温馨，不得不喜欢。

这便是我们的国宝，食肉目、熊科、深受世人喜爱的大熊猫。作为活化石，它们的幸运源于对环境的适应和人类的救援。它们胖乎乎、圆滚滚、憨态可掬，并且有一段比人类还长的生存演化史，它们既是动物界的明星，也是人类保护动物的成功案例。

第十六章

“妈妈，我长牙了耶！”

——象

象是目前陆地上最大的哺乳动物，它们有着庞大厚实的身躯、灵活的长鼻子和威武的长牙，它们迈着稳健的步子，行走在草原中、森林里，它们有着上千万年悠久的演化历史。今天的象依然是动物界的智者，那宽厚的肩膀，慈祥的面孔，以及象群温馨的生活场景依然在大自然中上演，然而不知从何时起，它们那漂亮的长牙给自己带来了意想不到的灾难。

灵活的长鼻子

象所拥有的庞大身躯决定了它们在自然界的地位，虽然它们是植食性动物，但具有成吨的体重，就连一些身处食物链顶层的食肉动物都要退避三分，例如,非洲草原上的狮子、鬣狗等动物，都会尽可能地远离象群，即使捕食，也仅偶尔针对年幼的小象。因此，相较于其他的食草动物，大象的生活更加安全，它们所要顾及的，大部分是水、食物以及它们子孙后代的延续。

由于体积大，需要摄入的养分多，大象并不挑食，无论是草、树叶、果实，还是枝条、树皮、树根等等都是它们的食物。它们长长的鼻子与上唇愈合在一起，会用鼻子卷起食物直接塞进嘴里。

由于长鼻子是象的醒目特征，因此，动物学家将它们归入长鼻目，而象科也是长鼻目下属的唯一一科。

大象的鼻子不仅长，而且非常灵活，除了能够用来呼吸，还可以当作手来用。观察大象鼻子的前端，会发现有像手指一样的凸起的部分。借助灵巧的鼻子，它们可以完成很多工作，比如触摸同伴、拿起食物、发出长啸。在打招呼的时候，它们会将鼻子相互缠绕来表示友好，在喝水的时候，也是先吸进鼻腔中，再送到嘴里。有时候它们也会将吸进来的水喷洒在自己或者同伴的身上，其实这种行为并不是它们在调皮地玩耍，而是可以让它们的皮肤保持湿润，同时也帮助它们在干燥炎热的天气中解暑降温。

大象选择草原或是森林环境居住，同时，它们的一举一动让周围的环境发生变化：它们可以凭着感觉找到并挖掘出水源，可以用长鼻子拔掉拦路的树木，它们还能靠着吃掉果实，把种子随着粪便排泄出去，播种一片新的生命。大象就是这样对生态环境起着重要影响，而这样的物种也被称作关键种。

谁说我们不长毛?

大象的样子几乎每个人都见过，它们身着灰色的皮肤，有时皮肤上还覆盖着一层泥土。但你有没有注意过它的毛发呢？作为哺乳动物中的成员，难道大象没有毛发吗？

虽然大象看上去光秃秃的没有被毛，但如果细看，它的皮肤外面还是具有一些稀松的毛发的，尤其是在头顶和尾巴上，而其他部位毛发就非常稀少了。那么，为什么大象不和其他的哺乳动物一样，毛茸茸的呢?

哺乳动物的一大特征就是身上长毛，这些毛发可以起到保暖的作用，但对于体形庞大、生活在炎热地区的大象而言，把热量散发出去比保暖更重要。为了能够让皮肤更充分地散热，大象的毛发才如此稀疏。有趣的是，象在小时候会长有棕红色的毛发，在头部和背上尤其明显，但随着它们长大成熟，身体上的毛发也会逐渐减少，颜色也会加深。

但是，没有毛发的保护让大象的皮肤更容易受伤，比如晒伤或是被叮咬。不过，聪明的大象十分懂得保养，它们会泡在泥潭中，洗个舒适的泥浴，让泥土包裹在身上，形成一层天然的防晒霜。这层泥土可以保护大象的皮肤不被炙热的阳光灼伤，蚊虫也无处下嘴。此外，涂上泥土还可以减缓体内水分的流失，可谓一举多得，怪不得大象总是喜欢用泥土把自己弄得脏兮兮的，其实，它们是乐在其中呢。

象的区分

在以前，人们认为象分为亚洲象和非洲象两种。但近年来，科学家根据头骨和基因组的不同将非洲象再分为非洲森林象和非洲草原象，因此，目前的象可以分为三个物种。

那么该如何区分这三种象呢？

它们的体形不同。其中体形最大的是非洲草原象，它们的耳朵也较大，像不等边三角形，类似于非洲大陆，这样的耳朵利于散热。其他两者的体形较小，适于穿梭于丛林之中，非洲森林象的耳朵较圆，没有鲜明的棱角，而亚洲象的耳朵轮廓是一个四边形，亚洲象的头顶有两个突起。

非洲草原象

它们的鼻子有所区别。非洲草原象和非洲森林象的鼻子前端有两个指状突起，它们可以用这突起将食物夹住送到口中，而亚洲象只有一个突起，它们会用鼻子把食物包裹住，然后挤到嘴里。

它们的脚趾数量不一样。非洲草原象的前脚有四趾，后脚有三趾，而非洲森林象与亚洲象的前脚有五趾，后脚有四趾，前后脚均比非洲草原象多一趾。

它们的长牙有所不同。非洲草原象和非洲森林象不论雌雄都会长有长长的门齿，长度可以达到三米，而亚洲象的雄象长牙外露，较非洲象的长牙细一些，雌象门齿较短，几乎不外露。

这就是长鼻目家族的三个物种，它们行走在亚洲、非洲的陆地上，作为最大的陆生哺乳动物，悠闲地生活着。

智慧的长者

大象是群居的动物，象群是多个象家庭组合在一起的群体，由母象和小象组成，幼年的公象长大便会离开家族。在这个族群中，通常会由年长的母象来统领整个家族。作为领袖，它的决策也决定着家族的命运，它会是一个非常有生活经验的智者，知道如何找到水源，也知道如何应付恶劣的天气，还会对外界的变化做出应对，守护着整个象家族。

象是非常尊重生命的动物。小象的降生是象家族的喜讯，长辈们会非常珍视刚刚诞下的新生命，小象会被整个象群当作掌上明珠，备受关注和呵护。面对同伴的逝去，它们会表示伤心与悲哀，发出哀号或围着故去的同伴不肯离去。

小象的诞生之所以在象家族中受到重视，或许与它们的孕期有关。关于怀孕生宝宝，我们常说自己的妈妈十月怀胎十分辛苦，但大象有着22个月的孕期，也就是小象要在妈妈肚子里待上近两年的时间才被产下，它们的孕期在哺乳动物中也高居榜首，不过也正因为它们的孕期较长，且每次只产一仔，所以当面临外部灾难时，大象的种群很容易遭到重创。

小象生下来体重在200斤左右，出生后不久它们就学会站立、行走，跟着妈妈要奶吃。因为刚生下来的小象体内没有能够消化植物的细菌，所以它们会通过吃妈妈的粪便获得细菌，来消化食物，就像树袋熊宝宝那样。小象会跟随家族一起生活，象群中的其他成员也会照顾小象它们。当公象发育到快成年的时候，它们会离开象群独自生活，也可能会和其他公象一起生活。在繁殖期，成年的公象会变得急躁和带有侵略性，它们会接近象群，寻找母象获得交配的机会，从而繁殖后代。

一起生活的象群往往呈现一副非常温馨的场面，无论是在湿润的森林中还是在辽阔的草原上，它们用长长的鼻子相互交流，爱抚彼此，相互帮助，一同前行。就这样，一代一代的小象成长起来，从调皮天真的孩子慢慢成熟，跟着年长的母象学习生活经验，然后再传递给下一代小象，它们的智慧就这样积累着、延续着……

妈妈，我长牙了

哺乳动物的牙齿根据功能有了形态的分化，可以分为门齿、犬齿、前臼齿和臼齿。象的长牙就是它的门齿，门齿对于它们来说用途很大，它们会用它来挖掘水源、树根，在树木上留下标记，或者用牙齿清理树木和树枝，开辟出道路，在打斗中，它们会用长牙去进攻或防守，来保护自己的身体不受到伤害。它们口腔中用来咀嚼食物的牙齿是臼齿，臼齿的齿面较平，可以帮助它们充分地研磨食物，有助于消化吸收。

有趣的是，与我们惯用左手或者右手那样，大象在使用长牙的时候也会有惯用左边牙齿或者右边牙齿的现象，通常它们左右牙齿的磨损程度不同，惯用那一侧的牙齿尖端通常会因为磨损，齿尖成圆形。

“妈妈，我长牙了耶！”孩子长牙，本应是让妈妈欣慰的事情，然而在国际爱护动物基金会的宣传画中，这句话出自小象之口，让象妈妈的担心不言而喻，人们能够体会到其中的五味杂陈，百感交集。然而，这一灾难的源头正是我们人类，购买一个普通象牙装饰的背后是猎枪下奄奄一息的无辜生命。大象眼神里的一万分留恋似乎换不回猎人的一丝怜惜，巨大的利益冲昏了猎人们的头脑，他们违反法律偷猎以图卖出高价。当枪声响起，母象只能看着昔日顽皮可爱的孩子刹那倒在血泊之中，没有丝毫的能力保护它们，对于生命而言，这是最悲哀的事，没有之一。

在非洲，人们为了谋取利益进行偷猎，他们直接对着大象的头部开枪，然后将它们的长牙锯下来。遇到有些象牙很长很难操作，偷猎者会将死去的大象从脸部割开来取象牙。其他的大象看到自己死去的同伴，也会痛心疾首，扬起鼻子，发出哀鸣。由于人们的偷猎，没有牙齿或者牙齿更短的大象有更多的机会存活下来，大象在一代代的繁衍生息中也悄无声息地在减短自己的长牙。

令人惋惜的是，偷猎引起的不仅仅是动物的丧命，还有人的殒命。非洲的护林员常与偷猎者发生枪战，有的护林员在枪战中牺牲。因此，为了挽留象的生命，也为了挽留护林员的生命，我们应该抵制野生动物制品。

表演好辛苦

我们见到的大象多数是在动物园中，它们身躯庞大，有着温顺的性格、和蔼的面庞以及聪慧的头脑，因此受到人们的广泛喜爱。

正是由于大象惹人喜爱，一些马戏团训练大象表演来赚钱。在马戏表演中，大象要根据驯兽员的命令做出相应的反应，比如按摩、踩球等。我们看着它们庞大的身体做出灵巧、精准的动作，感到滑稽、逗趣，发出阵阵掌声和欢笑声。然而，台上一分钟，台下十年功，之所以有这些呈现给人们的表演，是大象在驯兽员的各种奖惩方法之下经过无数次的训练，才得以完成的，而一些大象也会在训练的过程中受到不少本不应属于它们的痛苦。

我们喜爱动物，但喜爱动物的心不应被利用，成为“训练”动物的理由，动物应该保留它的天性，即使饲养，也不应该让它们按照人类的意图去表现各类行为。所以，在我们游玩观光的时候，面对动物表演，应该毅然决然地拒绝观看，这才是真正爱护动物的行为。

象家族仍然安详地生存在自然界中，体形庞大的它们可以抵御食肉动物，聪慧的它们会总结经验来应对环境，但它们还要逃避被猎杀的风险。或许母象在教导小象的时候，会将人类与猎枪的恐怖传达给它们，但希望终有一天，它们会不知枪为何物。

第十七章

那只“美人鱼”好胖

——儒艮

"美人鱼"不仅存在于人们口口相传的故事中，还登上了动画、电影的荧幕。而这些大多源于一部脍炙人口的故事名篇——安徒生笔下的童话故事《海的女儿》。在这些美好传说中，"美人鱼"被认为是上半身为人，下半身为鱼的美丽动物，因此，"美人鱼"的名字总给人带来无限的遐想。实际上，在大自然中，真的有一种被叫作"美人鱼"的动物，只不过，它的形象与我们的唯美想象大相径庭。

美丽的神话

在动物界中，"美人鱼"的真实名字叫作儒艮。听起来比较费解，其实这个名字是直接根据它的拉丁文发音翻译过来的。儒艮的拉丁文名为*Dugong dugon*，听起来大致就是儒艮的样子。

儒艮是忠诚的海洋居民，它们几乎很少涉足淡水。体态庞大的它们性格却很温顺，是海洋中的植食者。它们的视力不好，但可以靠听觉感知环境的变化。海洋中的鲨鱼、虎鲸、咸水鳄都是它们的天敌，胆小的儒艮常常藏在海草丛里隐蔽自己，但凡听到点风吹草动，就会游走。因为游泳速度并不快，所以只能靠敏锐的感觉来保住性命。

儒艮的体重约有几百公斤。作为一头大号的海洋食草动物，儒艮的食量也大得惊人。海底成片的植物常常被它们整棵吃掉。它们用宽厚的上嘴唇来挖食物吃，由于食量庞大，它们吃过的地方常常会留下一片明显的啃食痕迹，就像被犁过的农田一样。别看儒艮长得像个傻大个，但在吃方面却相当聪明。它们常选择在涨潮的时候随水抵达岸边觅食，因为这时它们爱吃的植物能够完全被海水覆盖住，等到退潮的时候，植物被隔绝在陆地上，它们就随着海水退回去了。在海水退潮后，如果看到一片植物中空了一排，那也许就是儒艮饱餐过的地方。

儒艮

儒艮具有门齿和臼齿，但它们极少用门齿来切割食物，而是用它宽大且具有抓握能力的吻部把植物连根拔起。吃植物的它们具有功能强大的臼齿，齿面很平，能够研磨食物。因为大量地进食海底植物，而海底植物经常带些沙子，所以它们吃东西的时候头就总是要左摇右晃的，其实就是在吃之前抖一抖，甩掉植物上面携带的沙子。不过即使这样，仍有些沙子会带进嘴里，但它们也不用担心会硌到牙。儒艮的牙齿不怕磨损，它们具有成排的臼齿，从里往外长，最外面的牙齿长到最前端时候，就会脱落，被后面的牙齿替换掉。这种不断生长替换的方式，与大象更换牙齿相类似。

不仅它们的牙齿长得快，其实海底的水草也在快速地生长，由于海底的营养丰富，被儒艮夷为平地之处经过不到一个月的时间，又会长出新的海草来。它们尤其爱吃的植物叫作二药藻和喜盐草，因为这些植物富含淀粉和蛋白质等生存所需的营养。

就像传说中的美人鱼那样，儒艮还会发出多种声音，比如鸣叫声、口哨声或是吠叫声，在儒艮之间，不同的声音有不同的含义，它们也会通过声音在水下进行交流。

海 洋 居 民

虽然一直居住在海洋中，但其实儒艮是哺乳动物，在动物学分类中属于海牛目。目前，生活在海洋中的哺乳动物可以分为三类，分别归为鳍足亚目、鲸目和海牛目。

我们比较熟悉的是海狮、海象、海豹，它们就是鳍足动物，以前属于鳍足目，后来根据它们的特征，归在食肉目下面，称为鳍足亚目。鳍足的意思为用鳍作足，进行运动。虽然叫作鳍，但其实这是它的四肢，里面的骨骼类型也和其他哺乳动物类似，只不过为了适应海洋中的游泳生活，它们四肢中的骨骼形状有了很大变化。除了具有鳍一样的四肢，它们还有食肉的牙齿，流线型的身躯，趾间有脚蹼。在鳍足动物中，区分海狮、海象、海豹是一件很有趣的事情。海象长有长牙让它脱颖而出，很容易辨别出来，而海狮、海豹就不容易分清楚了。仔细观察海狮和海豹，它们身体的后部其实并不是尾巴，而是它们的后足。其中，海狮的后足是可以弯曲向前的，所以上岸后，海狮会用后足辅助支撑，然后用前肢推起身体，向前拱着走。而海豹的后足不能向前，只能拖在后面，所以它们会用前肢拖动着身体，向前扭动着走。

鲸目的成员包括鲸、海豚等，别着急，我们将在下一篇中进行详细描述。

另外一类就是海牛目。现在的海牛目仅有四个成员，其中有三种海牛，根据它们所分布的区域，分别叫作美洲海牛、非洲海牛和亚马孙海牛，海牛家族的另外一个成员就是儒艮。它们与其他海生哺乳动物的亲缘关系并不近，反而和长鼻目，也就是大象更接近。

在海牛目中，儒艮科和海牛科也有所区别。虽然它们在整体外观上类似，但通过头骨可以进行分类，更方便地区分它们可以观察尾巴，海牛的尾巴形状扁平，且外围呈圆形，像一把打开的扇子，而儒艮的尾巴中央分叉，像一把巨型的剪刀。

根据挖掘出的化石显示，在上千万年前，海洋中就有了儒艮的身影，形态已经与今天的儒艮类似，所以，它们也可以算得上是海洋里的元老了。

不美，还胖

与我们想象的鱼尾人身、面容姣好不同，被叫作“美人鱼”的儒艮不仅没有漂亮的脸孔，连身材也是胖墩墩的，毫无美感可言。不过，它们这样的身材非常适应水中的生活，已经在水中繁衍生息了上百万年。

大众审美标准里的大眼睛、樱桃小口在儒艮的脸上正好反过来，它们的眼睛在庞大的面庞上显得格外的小，并且有一张大嘴。儒艮的视力并不好，它们主要靠听觉还有嘴周围的胡须来感受环境变化。眼睛不大的儒艮，嘴倒是大得惊人，这是由于它们的吻部向下弯曲，形成了一个弧形的宽大吻盘。虽然嘴不美观，但是可以尽情地吃水中的植物，满足它们庞大身躯的能量需要。还有它们的鼻子也不漂亮，两个鼻孔直接朝上仰着，由于它们是用肺呼吸的，通常隔几分钟的时间，它们就要把头部浮上水面来呼吸，仰着的鼻孔比较方便。它们的鼻孔中有两片可以活动的瓣状物，叫作活瓣。在水中的时候，活瓣合上，而到水面呼吸的时候，活瓣打开让空气进来。看似不那么优雅的面容，其实是适应环境的最佳选择。

看过了儒艮的脸，再来说说它们的身躯，或许在唐代，那个以胖为美的时代，儒艮的美人地位能够高居不下，它们胖胖的身躯，在皮下储存了大量的脂肪，能够预防海洋中出现的低温。儒艮喜欢温暖，如果海洋水温低于15摄氏度，它们的皮肤就会出现一些不适症状。长在又圆又胖的身躯上的，还有两个椭圆形的鳍肢，非常短小，至于后肢，为了适应游泳已经退化消失。它们的尾巴是三角形的，中间有一个缺刻，似乎也只有这个特点，是唯一与我们想象中的美人鱼类似的。

繁育后代

作为哺乳动物，虽然儒艮进入海洋生活，但胎生、哺乳的“老本行”可不能忘，它们并不像鱼那样产卵，也不像鳄鱼那样产蛋，而是直接生幼仔，而且妈妈会用前肢抱住孩子喂奶，或许正是人们看到儒艮在水下的哺乳行为与人类相似，且很少见过水中的生物有这种行为，因此将它们唤作了“美人鱼”。

儒艮大约在8岁时达到性成熟，当雄性儒艮的门牙变长，就意味着它们已经进入成熟阶段，而雌性也可以通过牙齿的长短来辨别雄性是否可以繁殖后代。

在繁殖期，雌性儒艮会被许多雄性追赶，它们在海洋中进行求偶、繁殖。经过一年多的怀孕时间，准妈妈会来到浅水海岸，小儒艮会出生在很浅很浅的水中。小儒艮一降生，妈妈就会将它推出海平面，进行第一口呼吸。儒艮妈妈一次只能产下一只宝宝。刚出生的小儒艮就有一米多长，约30公斤重，会依偎在妈妈的前肢后方吃奶。它们的哺乳期大约有一年半，不过它们出生后不久就能吃一些水草。刚出生的小儒艮游泳技能不佳，会紧紧跟着妈妈。做妈妈的儒艮会非常细心地照顾自己的孩子，不仅要让它们在自己的前肢基部喂奶，还要不时地托起孩子的身子，让它们的鼻孔探出水面呼吸。小儒艮会一直跟随妈妈生活，直到成熟才会离开。

虽然儒艮是群体活动的动物，但由于海底的植物很难承受成群的儒艮来吃，所以它们通常独自或者小家族活动。偶尔也会出现大群的儒艮聚集在一起，但这样的场景并不会持续很长时间，通常是群体长途跋涉去寻找食物，但在经历了一段远途觅食之后，它们还会根据记忆回到原来所在的区域，继续生活。

挽留“美人鱼”

虽然人类对于儒艮的认识还不丰富，但人们对于儒艮的捕杀已经很久了。自四千年前起，人们就已经开始吃它们的肉，用它们的脂肪来榨油，还用它们的皮、骨骼制成生活用品或装饰品。由于儒艮本身繁殖能力较低，又容易被捕捉，所以数量降低得很快。

在世界自然保护联盟给出的濒危物种红色名录中，儒艮属于受威胁物种，级别为易危，人们也逐渐重视起对儒艮的保护。日本、肯尼亚等国家已经明令禁止对儒艮捕捉，在我国，儒艮被定为国家一级保护野生动物，受《中华人民共和国野生动物保护法》的保护。

除了猎杀，人为活动也对儒艮的生存产生影响。由于儒艮生活在海岸附近温暖的水域，很容易受到人类活动的干扰。例如沿岸生活的渔民拖网捕鱼，会破坏底层的海草，这就直接减少了儒艮的食物，在食物不充足的时候，它们会延缓自己的繁殖计划，很少有小儒艮出生，种群也就很难壮大起来，再加上它们原来生活的浅海被一些养殖场占据，儒艮的数量在不断地减少。

海洋污染也在威胁着儒艮的生活。污水、重金属、洗涤剂、除草剂等被排放到海洋中，海水的污染导致海底植物的死亡，直接影响着儒艮的生存。因为儒艮对海水的质量要求很高，处于被污染的海水中，它们会长溃疡。

在中国的北部湾沿岸就有儒艮的分布，而且这里是儒艮在中国的主要栖息地。为了保护这种古老的海洋哺乳动物，人们开始对这里的环境实施保护。1986年，广西壮族自治区建立了合浦儒艮自然保护区，是专门以儒艮为保护对象的区域，这里有着良好的海洋环境，还有着大量的海底植物，温度适中，非常适宜儒艮的生存。保护区建立后，减少了原先的人为干扰。到了1992年，这里上升为国家级自然保护区，为儒艮的活动、栖息、繁殖提供了良好的条件。

这就是传说中“美人鱼”的真实身份。虽然人们难以探访到神话传说中的“美人鱼”，但可以通过对人类活动的限制来保护这种叫作“美人鱼”的珍稀动物，让这个美丽的神话恒久地存在于蔚蓝的海洋之中。

第十八章

来个喷泉玩玩
——鲸

有着庞大身躯的鲸，一直是人们喜爱的海洋动物，在鲸家族中有着当今世界上最大的动物——蓝鲸，也有着顽皮可爱、机智过人的海豚。现存的鲸大约有89种之多，它们有的温顺，有的机智，有的靠着须状的牙齿滤食，有的则靠着回声定位系统捕猎，它们有着各自的生存之道。

鲸不是鱼

别看鲸字里面有个“鱼”就认为它们是鱼类，鲸可是一种海洋中的哺乳动物，并不是鱼，它们没有鱼那样的鳃，而是直接用肺部呼吸。

我们印象中的鲸经常会从头顶喷出水来，像个喷泉一样，而实际上，它们喷的并不是水，而是气。在鲸的头顶上长有呼吸孔，它们用肺部呼吸，呼吸时，鲸来到水面，将废气喷出去，这个过程就会带着周围的海水一起向上喷洒，形成一个散开的水柱，像喷泉一样。它们将气体喷出去后，再顺势吸入新鲜的空气进来，从而完成呼吸。其实这就像我们游泳时换气一样，头抬出水面的时候，从口中把气吐出，然后再吸入新鲜空气，沉下水面，只不过由于长期适应海洋生活，鲸的鼻孔逐渐向后延伸，一直延伸到头顶，更便于它们进行呼吸。

鲸的鳍的内部并不是一条条的鳍刺，而是生长着类似于人类胳膊中的一块块骨骼。鱼类在游动的时候，尾部是左右摆动的，而鲸在游动的过程中，尾巴只能上下摆动，这是由骨骼决定的。因为鲸的脊椎的排列方式只能允许尾巴上下摆动，且它们的尾巴平行于水面，不像鱼类的尾巴垂直水面，因此鲸在游动时尾巴不会两侧摆动。鲸常常会跃出水面，其中存在不同的原因，人们推测可能是由于空中的摩擦小，能在旅途中减少能量损耗，或者是为了驱逐身上的寄生虫，也可能是它们在交流、娱乐等等。

哺乳动物的特征除了胎生、哺乳、恒温，还包括耳部具有三块听小骨。鸟类、爬行类动物都只有一个耳骨，只有哺乳动物的耳骨结构中会出现名为锤骨、砧骨及镫骨的三块听小骨，而在鲸的体内发现这三块骨骼，也充分证明了其哺乳动物的身份。

鲸，这种哺乳动物太过巨大，死去的鲸也为海洋供给着营养。科学家把鲸死去后沉入海底的过程称为鲸落。在鲸的下沉过程中，海洋中的一些肉食者比如盲鳗、鲨鱼等数十个物种就会扑上来吃它的尸体，由于很多鲸个体庞大，所以这一场饕餮盛宴甚至可以持续一年的时间。随后，一些小型的甲壳类动物会来到鲸尸骨附近安家，寻求一个食物富足的居所。而当不能食用的骨骼暴露出来，海底的生态系统才真正开始工作，厌氧细菌进入鲸骨骼的内部，开始进行分解，分解后的物质经过氧化又成了海底一些生物的食物。就这样，鲸在死去后，它的身躯也养育了海底的无数生命，给它们提供了栖息的场所，可以说，“鲸落”供起了一套生命循环，或许这就正像诗句中说的那样：落红不是无情物，化作春泥更护花。

从陆地走来

根据研究发现，鲸并不是始终在海洋中生活的。科学家们从挖掘的化石中找到了鲸的秘密，推测它们最早可能是生活在陆地，并具有可以用来爬行的四肢。

迄今发现最早的鲸化石是存在于5000万年前的巴基鲸，发现化石的地方曾经是一道海岸线，那时的它们还长有后肢，被认为是从陆地到海洋生活的过渡，它们可能同时猎取海洋和陆地的动物作为食物。科学家们还发现了生活在4500万年前的路易斯安那鲸，这是鲸的化石中保留最完好的一件，能看到它的呼吸孔要比今天的鲸更低，鳍更长一些。

人们由化石推断，鲸的祖先很可能是在陆地上居住的，后来，环境的变化让陆地上的哺乳动物之间的关系更为紧张，动物为了存活下去，就要面对残忍的竞争，鲸干脆另辟蹊径，来到海洋中生活，由于海洋中的鱼类数量庞大，易于捕捞，且有更少的竞争者，所以它们被海洋吸引。这里生存空间极其广泛，也鲜有其他动物来争夺食物和地盘，于是它们开始在海洋中潇洒地生活着，并改变了身体结构以适应海洋环境，所以它们原先长有五指的前肢逐渐成为扁平的鳍状，后肢也已退化，变得更加适合在水中生存。

鲸家族

根据鲸的特征，可以将它们分成两类，分别是齿鲸和须鲸。这其中齿鲸占大多数，现存的89种鲸，有超过70种都是齿鲸，另外一些为须鲸，虽然它们数量稀少，但是通常有着庞大、醒目的体形。

齿鲸为捕食性动物，平常以猎取海洋中的鱼类为食，它们的牙齿是一个个的小圆锥形，排列细密，并且只具有一个呼吸孔。而须鲸的牙齿细长，宛如长须，像梳子齿一样紧密地排列，以滤食的方式进食，主要取食磷虾。须鲸有两个呼吸孔，在头顶上并排形成V字形。

1. 齿鲸

齿鲸会在海洋中猎食小鱼甚至其他哺乳动物，在光线并不充足的深海，它们依然可以发现食物，这就依赖于它们的回声定位系统。回声定位指的是根据声音的回传来确定障碍物的位置。首先，它们发出声波，而声波遇到某个障碍物便会折回来，这时，鲸就可以根据折回的声波判断物体的方向、距离，找到它的位置，这样的方式就称为回声定位。其实现代的潜艇等军舰也是利用这一原理进行水中的探测。由于齿鲸生活的水域可视度非常有限，采用它们特有的回声定位方式可以帮助它们准确地追踪食物。

抹香鲸也是齿鲸家族的成员，在它们十几米的身长中，只头部就占据了三分之一。抹香鲸的呼吸孔明显地偏向头部的左边，所以在换气时，它们喷出的水柱与水面呈45度角，长期在海上生活的人们通过这种水柱就可以辨认出抹香鲸。

抹香鲸可以分泌龙涎香，因此而得名。真正的龙涎香其貌不扬，看起来像是一块石头，而由于这块石头散发着香气，可以制作成昂贵的香料，所以往往价值连城。乌贼是抹香鲸的主要食物，而这龙涎香就是抹香鲸在吃大王乌贼时形成的。大王乌贼是软体动物，虽然身体柔软，但下颚部位坚硬。这些难以消化的部分会在抹香鲸体内囤积，抹香鲸就会将这个聚集起来的块状物排出，这就是初期的龙涎香了。由于抹香鲸有时吃的乌贼较多，团块过大，不容易从肠道排出，所以也会从口中吐出，难怪有人传言龙涎香是抹香鲸的呕吐物了。不过刚刚排出的龙涎香散发着一股难闻的臭味，只有暴露在空气中，遇到氧气或者光，一种叫作龙涎香醇的物质被降解，才能形成具有香味的物质。而龙涎香具有很好的定香功能，能够经久不散，所以被作为香水的定香剂来使用，难以想象我们使用的香水实际上竟然源于抹香鲸吃过大王乌贼后排出的粪便。

虎鲸是齿鲸亚目、海豚科最大的一种，它的眼睛后方有椭圆形的白斑，腹部也呈白色，非常好辨认。雌性和雄性虎鲸在外形上有所区别，雄性个体要比雌性大，且背鳍是直立的，而雌性的背鳍呈镰刀形，前肢也会明显短于雄性。在幼年时，虎鲸眼睛后方的白斑并不明显，而成熟后就会比较显著，这也是辨别它们成年的标志。虎鲸是非常聪明的动物，它们会团体协作捕猎，围住鱼群然后轮番钻进鱼群中吃个痛快，还会假死来吸引海豹等动物的注意，等对方以为遇到免费午餐寻来的时候，再迅速地将其吃掉，它们甚至还能凭借自己的庞大身躯和聪明才智捕食鲨鱼。

除了生活在海洋中的鲸，还有少数鲸会生活在淡水中，比如白鳍豚、江豚等。但由于人类的捕鱼、航运以及工业生产，它们的生活环境遭到严重的破坏，白鳍豚已经被宣告功能性灭绝，即因为生态环境破坏、数量稀少，以至于丧失了繁殖后代及维持生存的能力，而这也将是首例人类导致海豚类动物的灭绝事件。现在生存在我国的长江江豚也已经上升到极危级别，亟待人们的保护。

2. 须鲸

与齿鲸不同，须鲸有两个喷水孔，挨在一起呈V字形。同时，须鲸的牙齿像一根根密布的针一样，它们靠着自己满口须子一样的牙齿来进行滤食。它们先吸进一大口海水，连同海水中的鱼虾也一起吸进去，然后再合上嘴，同时将水从口中挤压出去，这时的鲸须就像一张滤网，不能透过牙齿缝隙的小鱼小虾都被留下成为食物。

蓝鲸就是须鲸的一种，是人们公认的最大、最重的动物。体长约30米的蓝鲸体重能够达到上百吨。蓝鲸的嘴很大，当口腔完全张开时，可以吞下90吨的食物和水，但是它们的咽喉相对较小，所以，它们会喜欢滤食一些个体适中的鱼虾。蓝鲸最典型的食物就是磷虾了，它们的食量巨大，总在有磷虾活动的区域觅食，一天能够吃掉上千公斤的磷虾。南极海域的磷虾数量繁多，它们会在那里尽情地捕食，随后再回到它们在赤道附近的基地，赤道附近的食物虽然不如南极那么充足，但是会更加温暖，适宜生存。虽然蓝鲸有着最大的体形和体重，但海洋中的它们仍然存在天敌，那就是机智勇猛的虎鲸。在人们发现的蓝鲸个体中，它们身上的很多伤痕都是虎鲸造成的。

同属于须鲸的还有著名的座头鲸。它们很好辨认，由于它们的背部并不像其他鲸那样是一个平面，而是隆起的，所以也被叫作驼背鲸。它们的头部有一些凸起的疙瘩，成为它们的显著特征。有趣的是，座头鲸可以算得上是海洋中的义士，它们总是锄强扶弱，劫富济贫。当虎鲸捕食座头鲸的同伴或者其他鲸，甚至是海狮、海豹等时，座头鲸总是出手相助。它们会发出叫声召唤同伴，把虎鲸

座头鲸

赶走，救下那些差不多已沦为食物的受害者。有时，只要老远听到虎鲸正在部署作战计划，它们就会径直赶来，进行破坏。至于这种行为的原因还不得而知，有些科学家认为或许是虎鲸常伤害座头鲸的幼仔，座头鲸形成了宁可错救，不可不救的行为模式，也许它们只是路见不平，拔刀相助而已……总之，座头鲸和虎鲸，一个是宽厚的须鲸和一个是机灵的齿鲸，就这样成为海洋中的一对冤家。

海洋精灵

鲸的头脑非常聪明，尤其是海豚，更加机灵顽皮，但让人们感动的是这种海洋动物曾多次出现过救人的行为，它们会把海里无力游动的人托出水面，科学家们也开始研究这一行为产生的原因。

海豚家族充满了智慧。一只雌性海豚生宝宝的时候，其他雌性会聚在一起，帮助抵御海洋中鲨鱼、虎鲸等捕食者，而当宝宝出生那一刻，它们也会将新生的小海豚托出水面呼吸第一口空气。或许，正是因为它们这样的习性，所以在人类遇难的时候，它们也会依此将人托出水面吧。

人们对于鲸这类巨大的海洋哺乳动物充满了好奇与喜爱，很多人希望能够目睹它们的身影，于是近年来，兴起了一些以观鲸为主题的旅游项目，而且越来越受到人们的追捧。但实际上，这对于鲸而言并不是什么好消息，它们所居住的原本安宁的水域被打扰，甚至还有观鲸的船只撞上海豚的事件发生。虽然对于观鲸活动有严格的限制，比如规定航船与鲸之间的距离、船只的速度等，但是在实际的操作过程中很难严格地执行。一位野生动物学家甚至认为：相比捕鲸来说，虽然观鲸并不是主观的迫害行为，但是这很有可能是造成物种灭绝的最后推手。

也许，爱护野生动物最好的方式就是远离它们，让它们自由地按自己的方式生存。

第十九章

企鹅遥远的冤家

——北极熊

作为一种大型食肉类哺乳动物，北极熊并没有因为它锋利的牙齿与爪子让人惧怕，反而凭借着与生俱来的呆萌气质受到全世界的喜爱。或许是远在北极的它，威风震慑不到我们吧！总之，“白、胖、萌”的评价常被贴上北极熊的印象墙，人们将它当成了神秘又可爱的远方朋友。然而目前，这个白白胖胖、爱吃海豹的北极朋友，正在经历着由于地球环境变化所带来的严峻考验……

乱入的企鹅

同样作为极地动物，提到北极熊，企鹅也总被牵扯进来，北极熊为什么不吃企鹅的段子也热火朝天地讲了很多年。其实，虽然同样是极地环境，北极并不如南极那样寒冷，这是因为北极主要是浮冰和海洋，夏季储存热量的能力较强，热量散失得也慢；而南极的冰雪覆盖着陆地，陆地的比热容小于海洋，储热能力较差。所以比起企鹅生活的南极，北极还是“温暖”一些的。

至于北极为什么没有企鹅，南极为什么没有北极熊，这还要从地球历史说起。现在地球的各大板块都是由早期的联合古陆分裂而来，约6000万年前，南极洲在分裂中独立成环海陆地，也就是在熊类祖先出现之前这里已被隔绝，陆生的熊类不能迁移至此。而最早的企鹅化石是发现在南半球的新西兰，如果它们要到北极，则要穿越赤道，企鹅不喜欢炎热，对穿越赤道更没什么兴趣，所以今天企鹅大多都生活在南半球。

其实，企鹅也是鸟类的一种，被单独划分为企鹅目，现存的企鹅有18～20种，它们与大多数的鸟类不大一样，前肢成为鳍，善于游泳而不能飞翔。企鹅在一生中，约有一半的时间在水中，另一半时间在陆地上。并不是所有的企鹅都是生活在遥远的南方，它们很多是生活在温带的，加拉帕戈斯企鹅甚至生活在赤道附近，它们喜欢在水中捕捉磷虾、鱼为食。个头最大的企鹅就是人们熟悉的帝企鹅，有1米高，它们最明显的特征就是在颈部的两侧各有一块橙黄色；最小的企鹅是小蓝企鹅，它们只有40厘米高，分布在南澳大利亚和新西兰一带。不过，在北极的确没有企鹅的身影，如果非要想象企鹅与北极熊相遇的场景，那么抱团取暖的企鹅也许会成为北极熊的自助餐吧。

隐身衣

生活在北极，北极熊充分具备了各种保暖技能，10厘米的脂肪层已经是一道厚厚的防寒墙，外面还裹上一层温暖的绒毛，再加一层致密的粗毛，就像我们在冬天套上了秋衣、毛衣、羽绒服那样，格外保暖，难怪它们在寒冷的北极也依然潇洒自在。而当我们仔细研究北极熊披在外面的粗毛时发现，它们的毛发并不像我们看到的那样是白色的，而是透明、无色、空心的，同吸管一般，之所以透明的毛发并没有让北极熊隐身，这是因为毛发的内部粗糙不平，将光线折射，所以我们才会看到白色的北极熊。

北极熊

有趣的是，不仅在我们看来北极熊似乎与洁白的冰雪融为一体，当科研专家们用红外相机拍摄北极熊的生活时，竟然发现，面对北极熊的出没，红外相机并没有被触发，这个在动物研究领域屡试不爽的高科技产品，就这样直接无视了北极熊的存在，原因何在呢？原来，红外探测采用的是热成像的技术，只要感知到有热量的动物经过，就会打开快门进行拍照或录像。依靠这个技术，研究人员经常在人迹罕至的野外拍到各种珍稀动物的踪迹。然而北极熊除外，这是因为它们皮毛的隔热功能非常好，把珍贵的热量都保存在体内，减少热量散失。因此，北极熊的红外线与周围的冰雪相同。面对北极熊，先进的红外技术也不起作用，因为北极熊竟在无意之间对它设置了“在线对其隐身”。

嘘！此处有海豹

北极熊最爱的食物就是胖乎乎的海豹了，谁让它们脂肪含量那么高呢！对于北极熊来说，高热量的脂肪非常重要，这些能量能够帮助它们抵抗严寒，还能储存起来，帮助它们度过食物缺乏的时期。

在北极，生活着上百万只海豹，北极熊主要以捕食环斑海豹和髯海豹为生。海豹是鳍足类的动物，四肢像鳍一样的它们在海里游泳时非常灵活，但一旦登上冰面就显得笨拙起来，它们只能扭动着身躯，拖着累赘的后肢一点点挪动。海豹也深知自己的弱点，所以在冰面休息的时候会尽量紧邻一个冰窟窿，见到北极熊就会迅速跳进水中。但躲毕竟不是长久之策，因为海豹也属于哺乳动物，要用肺部呼吸，所以它们需要不时地到冰面上来换气。聪明的北极熊就抓住海豹的这一特点，选取了一个简单省力、胜算又颇高的捕猎方式——“守窟待豹”。它们用灵敏的嗅觉透过冰面探寻海豹的气味，找到海豹换气的洞口，然后安安静静地蹲守在那里，有时甚至几个小时。待闻到海豹的气息，它们会迅速地冲过去，用厚实的熊掌把海豹拖上冰面，享用一顿大餐。在进食的时候，平常一脸萌相的北极熊也凶相毕露，露出尖锐的犬齿，嘴边染着猎物的血液，显示出熊的本性，但是它们也有一个很好的习惯，就是在饭后用水或者雪把嘴巴洗干净。

有些时候，它们也会改一改食谱，爬到高处的岩石上吃一些鸟蛋充饥，相比斗智斗勇才能捕食到的海豹，鸟蛋可以算是唾手可得的甜点，也能为它们补充一定的能量。

北极熊并不像黑熊、棕熊那样冬眠，除了怀孕的雌性，北极熊全年活动，但并不是总有海豹可以吃，每到夏末初秋，海面冰冻起来，它们无法捕猎海豹，此时的北极熊要有几个月的时间不进食，这时，之前储存起来的脂肪就派上了用场，它们能帮助北极熊度过这个食物匮乏的时期。

来一曲华尔兹

平日里，北极熊是冰雪中的独行侠，它们会避免因接近彼此的生存空间而发生不愉快的打斗。所以，退避三舍会是普遍的选择。成年的北极熊一起活动是比较少见的场景，即使为了繁殖后代，它们出双入对的情境也只是昙花一现，完成了任务，二者又会分道扬镳，继续独自潇洒的冰上生活。

每年的3—5月是北极熊的繁殖季节，只有这时，雌雄性才肯接近彼此。这时，雌性北极熊会发出信号，雄性便会寻着雌性的味道，追赶好几天。有时觅着芳踪而来的往往不止一只雄性，为了获得心仪的对象，它们之间会凶相毕露，大打出手。

雄性北极熊的体形庞大，也很凶猛，打斗时，它们通常用后肢站立起来，用有力的前臂推搡，这样的动作远看上去仿佛一曲优雅的华尔兹，而实际上，战争非常激烈。它们伸展利爪，张开嘴低吼、撕咬，常常在战争中流血受伤，直到最后战胜的一方赶走情敌，留在雌性身边，完成交配。这就是自然法则，足够强壮的个体才有资格将其基因传递下去。战胜的雄性会守护着自己的战利品，不让其他的雄性接近，繁殖活动一旦结束，雌雄性北极熊便各自散去，恢复到单独行动。约7~8个月后，雌性北极熊会生下宝宝，但雄性不会挂念自己的孩子，大部分情况下，不再和北极熊母子有任何交集。这个冰雪中的独行侠并不太有家庭观念，小熊是由妈妈独自养育的。

熊 孩 子

秋季到来，北极熊储存了足够的脂肪，也结束了捕猎的日子。准妈妈会为自己和孩子打造一个入口狭窄的洞穴，在里面进入休眠状态，约在11—12月间，两只小北极熊就降生了，刚刚出生的小熊还不能张开双眼，重量也不足1公斤。而北极熊妈妈会给宝宝喂食营养丰富的奶水，而这期间，妈妈一直不吃东西，全靠消耗自己储存的脂肪，所以母熊体重也明显减轻。约在次年的2—4月，北极熊宝宝靠着妈妈的喂养很快长到10～15公斤，妈妈也会打开洞口，让小熊看看外面的世界。这时，你会看到洞穴里面钻出一个毛茸茸的小脑袋，黑色的鼻头，还有小豆子般被冰雪衬得发亮的双眼，好奇地看着崭新的世界，不一会儿，洞口又钻出另外一只圆滚滚的小家伙！初期的小北极熊只顾着吃奶和玩耍，它们在冰雪上坐滑梯、打滚，拽着妈妈厚厚的皮毛调皮地攀爬，可爱极了。然而，小北极熊也在一天天长大，在洞口熟悉十余天后，它们就要跟着妈妈离开洞穴远行，这期间，它们顽皮地相互打闹、玩耍，还会效仿妈妈捕猎时候的动作，为以后独自捕猎做准备。

未成年的北极熊由于经验不足，常常很难捕捉到海豹，即使好不容易捉到一只，也容易被其他成年的北极熊抢走，还来不及享受成功喜悦的小熊，由于体形和体力上不占优势，也只能忍气吞声，所以，这时的小北极熊也会寻找被吃剩的尸体，虽然味道不佳，那也能供给它们营养，保证自己的能量，从而存活下去。

它们要学习捕猎、打斗，学习生存，对于它们来说，整个北极都是它们的冰雪乐园，但同时，它们也将面临不断变化的环境带来的严酷的生存挑战。

我的冰床哪儿去了?

北极熊的拉丁学名是*Ursus maritimus*，*Ursus*指熊属的动物，*maritimus*意为海洋的，英文单词maritime（海上的）一词就来自于它，所以北极熊的拉丁名意为海上的熊，它们会在海洋的浮冰上成长、猎食、繁育，因此北极熊被认为是海洋动物。

然而，气候变暖正在威胁着北极熊的生存。随着温度升高，北极熊所依赖的冰床会融化，它们的生活区域变成了开阔水面，这时北极熊很难再按照原来的捕食方式“守窟待豹”。由于整个冰面消融掉了，它们无处落脚，为了能在恶劣的环境下捕到猎物，北极熊迫不得已，只能进行长距离的游泳，在水中捕食。但是它们所获取的能量还比不上它们在游泳所消耗的，因此它们储存的脂肪不断减少，生存就面临威胁。

一些带着小北极熊的熊妈妈，在面临冰面融化的时候，会尽可能地保护自己的孩子，但在艰难的条件下，它要作出抉择。如果熊妈妈很难捕到猎物，它不会把食物平均分给两只小北极熊，而是选择两只之中比较强壮，更有可能存活过严酷环境的那一只。而另外一只则会被放弃，因为环境太恶劣，只能容许熊妈妈保住其中的一只，为了保证孩子的生存，已经瘦骨嶙峋的妈妈仍然会尽可能将身体中的脂肪转化，给小熊喂奶，那时的北极熊已经失去了人们熟悉的又胖又萌的形象，只剩下一层厚厚的皮毛包着骨头。此时它们已经不再苛求新鲜的食物，只求平安地度过这一场饥荒。幸运的母子或许还能找到腐肉果腹，仍然有一些家庭没能挺过灾难。如果小熊难以度过这样的困难时期，就会直接导致北极熊后代数量的减少，引起物种的衰落。

这些白、胖、萌的北极朋友让我们喜爱，它们在极端环境下坚韧的生命力更让我们肃然起敬，它们不仅仅是北极的代表，更是全球环境的象征。虽然我们不能去北极保护北极熊的生活环境，但是，我们可以约束自己，减少碳排放，延缓气候的变暖，给北极熊留一张冰床，也给未来的世界留下希望。

第二十章

悟空，收了神通吧

——灵长目

悟空几乎是所有人都喜爱的形象，它火眼金睛、聪慧灵巧、机智过人，用猴子来诠释这样一个形象，实在是再合适不过了。在自然界中，猴和我们人类一样，都是灵长类的动物，我们有着相似的体态、构造，我们甚至和灵长类中的某些种有着极其相似的基因。但与人类本是同根生的灵长类动物，它们的生存空间也受到人类的压榨。

灵 长 类

灵长目的拉丁文是*Primates*，这个词在拉丁语中的意思是首位的，现在英文词汇primate意为首要的，就源自拉丁语。人们用这个词汇为灵长目定名，可见在人们眼中它们的地位之高。

相比有蹄动物的机警、食肉动物的凶猛，灵长类动物更多的是聪明与灵巧，而它们也有一些独特的身体特征。

灵长目动物的眼睛都在面部的前端，有眉骨保护眼窝，两只眼睛可以同时盯着同一物体，所产生的目标图像经过大脑处理形成深度知觉，可以更准确地判断物体到自己的距离。灵长类动物的大脑占身体的比重较大，而且有着较为复杂的大脑结构，这使得它们有更发达的大脑。

灵长类动物有灵巧的四肢，每个肢体上有分开的五个指（趾）头，且大拇指（趾）可以和其他四个指（趾）一一对握，这是为了方便抓握树枝、树干，同时大大便于它们拿取物体，更为后来的使用及制造工具奠定了决定性的基础。

灵长目动物又下分为两个支系，分别是原猴亚目和类人猿亚目。原猴类相对比较原始，它们的吻部是凸出的，面孔看上去像狐狸，而且前肢通常会比后肢短，像狐猴、指猴、眼镜猴都是原猴类的动物。而大多数我们熟悉的金丝猴、叶猴、长臂猿等都属于类人猿亚目，它们的吻部已经不像原猴类那般凸出，而是趋近于一个平面，更类似于人的面孔。

我们对于灵长目动物可以说是非常熟悉，在小说、戏剧、电影、绘画、雕刻等艺术创作中，它们经常出现，这或许是因为灵长目动物与我们有很近的亲缘关系。

悟空之争

小说《西游记》的主角孙悟空正义凛然，神通广大，有七十二般变化，靠着金箍棒和一身的本事，降妖除魔，受到人们的广泛喜爱，而关于悟空究竟是哪一种猴子的探讨也沸沸扬扬，大家各执一词。

一些学者认为作者吴承恩的写作灵感来自印度神猴哈奴曼，哈奴曼是印度史诗级著作《罗摩衍那》中的形象。它机智勇猛，神通广大，多次救护主人，与孙悟空的形象相似。

有些人认为悟空的原型是金丝猴，或许是因为电视剧《西游记》中的孙悟空披着一身红黄色的毛发。但书中对孙悟空的描述是“尖嘴缩腮，金睛火眼”“一双怪眼似明星，两耳过肩查又硬”。这与金丝猴的形象又并不十分相符。

有些人认为悟空是猕猴，这是因为当时在真假悟空的篇章中，有一只猴子和悟空长得一模一样，如来佛祖解释说，四猴混世，分别是灵明石猴、赤尻马猴、通臂猿猴、六耳猕猴，并认为假悟空是六耳猕猴。实际上，如来所说的灵明石猴就是孙悟空，但人们因六耳猕猴和悟空一般模样，因此认为悟空的原型也应为猕猴。

根据记载，《西游记》的作者吴承恩机缘巧合经过嵖岈山，称赞其为花果仙山，在那里看到一个巨大的石猴形象，便以此为原型，创作了《西游记》，而且书里的悟空的确是石头缝里蹦出来的。所以我们也不必太过追究它的原型，毕竟这是一部艺术著作。不过，经典电视剧《西游记》中孙悟空的扮演者——六小龄童先生说，悟空的扮相的确模仿了金丝猴一身漂亮的毛色。

戴维神父的仰鼻猴

在我国，很多动植物物种都是法国的传教士戴维神父发现的，包括大熊猫、麋鹿、川金丝猴。1869年，猎人们将捕猎到的长尾巴的猴子给戴维神父，博学的神父知道自己又发现了一个新的物种，他描述到：这种猴栖息在针叶林中，身体强健，有金黄色的毛发，面部中央呈现漂亮的蓝色，鼻孔朝天，就给它起名为仰鼻猴。后来由于这种猴常被发现在四川一带，人们更多地叫它川金丝猴，而就是戴维神父发现了川金丝猴，定名了仰鼻猴属，后来发现的分布在云南的滇金丝猴和分布于贵州的黔金丝猴都属于仰鼻猴属。

金丝猴

川金丝猴以植物为食，地衣、树叶、果实、种子都是它们的食物，随着季节变化，植物生长情况不同，它们也会选择不同的食物，比如在果实和种子比较丰盛的时节，它们就挑选这些新鲜的食物，而较少去取食地衣。

虽然金丝猴大部分时间居住在树上，但在地面活动的时候会遇到豺、狼、豹等天敌。但猴群是非常机智团结。通常，一个家族会包括一名雄性首领，几名雌性还有它们的孩子。平常雄性会独自待在一旁，而雌性常常聚在一起，而一旦面临外敌，它们会将自己的孩子围在中央，雄性首领会出面保护整个家族。在休憩的过程中，它们也会非常机警，听到林间有任何风吹草动，就会警戒起来，并告知彼此，安静沉着地观察情况，或者直接逃走。

与雄性之间打架来竞争雌性不同，在金丝猴的世界里，通常都是雌性之间各显神通，想方设法地讨首领的喜欢，从而得到青睐，为家族的首领诞下后代，这听上去好像是宫廷剧的故事情节，却真实反映了在一雄多雌的群体中，雌性之间的竞争是格外激烈的。怀孕的雌性常常在春季产下幼崽，小金丝猴会用四肢抱住妈妈的身体，待在妈妈胸前吃奶，而雌性也会细心地呵护自己的孩子。

玩高低杠

猿与猴最直观的区别是猿没有尾巴，而绝大多数的猴都有尾巴，只有个别例外。而且，猴的前肢与后肢的长度差不多，但是猿的前肢通常明显比后肢要长，若要举一个最直观的例子，自然就是长臂猿了。

在云南、海南等热带雨林里，生活着很多高低杠的能手。它们生活在树林的中上层，那些树枝就好像是它们眼中的高低杠，而它们似乎是天生的运动员，靠着灵活有力的双臂在林间自在地穿行。它们，就是长臂猿。

清晨，通常是长臂猿活动最为频繁的时期，它们会敞开嗓子嘹亮地鸣叫着，就像歌声，庆祝新一天的开始，它们在林子里找些浆果、树叶来吃，有时也会掏个鸟蛋给自己补充下营养。它们的移动方式非常特殊有趣，它们的手会弯曲着抓着树枝，就好像把自己挂在树上，然后靠着跃下的力量把自己抛出去，然后再用另一只手臂抓住前面的树枝，这样双臂交替，荡悠着前行，或许在我们看来这是高难度动作，但这对于长臂猿而言早已轻车熟路，几乎不需要时间去考虑哪个才是接下来要抓的树枝，它们行动起来，身手矫健，一个飞身就可以穿过十几米的距离，真算得上是林间的精灵。

东黑冠长臂猿是非常珍稀濒危的物种，因为在头顶长有黑色成簇的毛发而得名，雄性为黑色，而雌性为棕黄色。人们曾经认为这个物种已经灭绝，但在2002年，人们惊喜地在越南发现了一个小的种群，后来在我国的广西也发现了它们的踪迹，至今，它们仍然处于极危级别，且被认为是当前世界上最濒危的灵长类动物之一，而导致它们数量稀少的原因就是森林的砍伐，这让这些树栖的灵长类动物直接失去了生存的家园，再加上人们对它们的盗猎，也使得它们的数量迅速下降。面临这样灾难的还有白颊长臂猿、白眉长臂猿……

所幸的是，这些珍稀的物种已经被列入国家一级重点保护范围，国家还专门为它们建立起了自然保护区，禁止人为干扰它们的生活。

神通广大

灵长类动物的聪明才智众所周知，而智力就体现在它们使用工具上面，比如聪明的黑猩猩会用石块敲开坚果。黑猩猩还喜欢吃白蚁，它们会先找一个大一些的木棍捅开白蚁的巢穴，然后再寻找一个细小的枝条插入洞穴，等着蚂蚁沿着木棍爬上来，然后一口撸掉，就像咱们吃烤串一样。曾经我们认为人类是唯一能够使用工具的物种，直到黑猩猩的这些行为被发现，如今，还有几个物种也被发现有使用工具的现象。

就在2016年，泰国动物园中的一只猩猩瞬间火遍全球，因为有视频记录了它用毯子给自己搭吊床的过程。这只猩猩首先拿起饲养员提供的保暖用的毯子，然后三两下跑到笼子的一角，将毯子两端在笼网上面打几个结，然后把中间铺开，躺上去优哉游哉地休息，短短几分钟，这只猩猩就这样给自己搭建了一个吊床，让人捧腹之余，也感叹它们的聪明才智，看来，智慧果然能够让生活更加美好。

其实，动物的行为可以分为先天性行为和后天性行为，先天性行为是出生时带有的行为属性，称为本能，而后天性行为是需要通过学习而形成的。英国著名的动物学家珍古道尔认为，黑猩猩抓白蚁的本领并不是它们的本能，而是通过观察和模仿所学到的后天性行为。对比来说，先天性行为取决于动物的遗传因素和自然选择，比较适合稳定的环境，而后天的学习行为建立在先天性行为的基础上，能够让动物适应复杂多变的环境，更有利于动物的生存。

演化之路

人也是灵长类的一种，我们在自然界的分类地位隶属于灵长目、类人猿亚目、人科、人属。

关于人类的起源与演化的历史，是我们很渴望去研究、探讨的话题，人们推测，由于环境变化，一些灵长类动物开始从树上下到地面，探索陆地上的生活，为了观察前方的环境，它们用后肢站立起来，前肢空出，去抓取一些食物，慢慢地开始使用工具捕食猎物，再开始制造工具，使用火，煮熟食物……逐渐地演化成人。

经过长期、大量的科学考察与化石研究，目前认为，人类最早起源于非洲，由古猿经过了上百万年的时间演化而来，经过了地猿、南方古猿、能人、直立人、智人这五个阶段。比起灵长类家族中的其他成员，我们的体毛退化，有着更漂亮的外表，也有着更加复杂的大脑，我们能够制造出更多先进的机械化的工具，创造出科技引领发展的社会，但是，这并不能把我们从自然界中脱离出来，人类是灵长类的一支，我们的历史是一步一步从古猿演化过来的。虽然我们凭借自己智慧的头脑和灵巧的双手，既可以探知微观世界，也可以寻求宇宙的奥秘，但我们始终不能够离开自然界供给我们的生活资源，也不能和自然家园中的动物同伴脱离干系，我们应该始终记得大自然赋予我们的一切，并尽己所能，造福自然，保护家园中本是同根生的其他灵长类同伴。

灵长类是一个大家族，包括靓丽的金丝猴、自在的长臂猿、聪慧的黑猩猩等，当然，还有经历了上百万年走来的人类。一些创作者们更是用灵长类代表——猴的形象发展出了独特的文化与艺术，而我们在欣赏这些作品的同时，最应该做的，还是保护好这些带给我们创作灵感，且与我们同属一个分类阶元的灵长类同胞。